ISBN 978-3-663-15505-8 ISBN 978-3-663-16077-9 (eBook)
DOI 10.1007/978-3-663-16077-9

FORTSCHRITTE DER PSYCHOLOGIE
UND IHRER ANWENDUNGEN

UNTER MITWIRKUNG VON PROF. DR. W. PETERS

HERAUSGEGEBEN VON

PROF. DR. KARL MARBE

Sechs Hefte bilden einen Band. Der Band im Umfang von 24 Bogen kostet 12 Mark. Bestellungen nehmen alle Buchhandlungen entgegen. Einzelne Hefte 3 Mark.

Alle Zuschriften betr. der Redaktion werden an Professor **Dr. Marbe** in Würzburg erbeten. Manuskripte sind **nur** an das **Psychologische Institut, Würzburg, Domerschulgasse 16** zu senden, und zwar **ohne Nennung eines Namens auf der Adresse,** damit unerwünschte Nachsendungen der Manuskripte vermieden werden.

Zweiter Band

J. Stoll: Zur Psychologie der Schreibfehler.
H. Gutzmann: Über Gewöhnung und Gewohnheit, Übung und Fertigkeit, und ihre Beziehungen zu Störungen der Stimme und Sprache.
A. Pick: Aus dem Grenzgebiet zwischen Psychologie und Psychiatrie. (I. Zur Psychologie der Abstraktion. II. Zur Psychologie der sogenannten „Impersonalien". III. Zur Psychologie des pathologischen Plagiats.)
M. v. Frey: Neuere Untersuchungen über die Sinnesleistungen der menschlichen Haut.
W. Peters und O. Němeček: Massenversuche über Erinnerungsassoziationen.
M. Bauch: Beobachtungsfehler in der meteorologischen Praxis.
A. Prandtl: Über die Auffassung geometrischer Elemente in Bildern.
K. Marbe: Das Psychologische Institut der Universität Würzburg.
F. Hacker: Die Wirkung des Antikenotoxins auf den Menschen.
M. Bauch: Zur Gleichförmigkeit der Willenshandlungen.
A. Pick: Einige Bemerkungen zu der Arbeit von W. Peters und O. Němeček „Massenversuche über Erinnerungsassoziationen".

Dritter Band

K. Marbe: Zur Psychologie des Denkens.
F. Römer: Assoziationsversuche an geistig zurückgebliebenen Kindern.
J. Dauber: Psychophysische Untersuchungen zur Photometrie.
R. Sommer: Anfangsunterricht bei den Elberfelder Pferden.
W. Peters: Zur Entwicklung der Farbenwahrnehmung nach Versuchen an abnormen Kindern.
E. Lazar und W. Peters: Rechenbegabung und Rechendefekt bei abnormen Kindern.
W. Peters: Über Vererbung psychischer Fähigkeiten.

(Aus dem Zoologischen Garten zu Frankfurt a. M.)

DIE RECHENKUNST DER SCHIMPANSIN BASSO IM FRANKFURTER ZOOLOGISCHEN GARTEN

NEBST

BEMERKUNGEN ZUR TIERPSYCHOLOGIE UND EINEM OFFENEN BRIEF AN HERRN KRALL

VON

KARL MARBE.

INHALT.

		Seite
§ 1.	Die Schimpansin Basso und ihre Leistungen	135
§ 2.	Die Rechenleistungen Bassos	140
§ 3.	Der Rechenunterricht Bassos	144
§ 4.	Die Stiftung von Assoziationen bei Tieren und die wirtschaftliche Bedeutung dieser Assoziationen	152
§ 5.	Automatisches oder wirkliches Rechnen, Gedankenlesen, unwillkürliche Zeichen oder Schwindel?	155
§ 6.	Versuche über Gedankenlesen	158
§ 7.	Bassos wirkliches Rechnen	161
§ 8.	Über die Beobachtungsgabe der Tiere	167
§ 9.	Aufgaben für die Tierpsychologie	172
§ 10.	Zur tierpsychologischen Methodik	176
§ 11.	Offener Brief an Herrn Krall	179
§ 12.	Schlußbemerkungen	184

§ 1. DIE SCHIMPANSIN BASSO UND IHRE LEISTUNGEN.

Im Zoologischen Garten zu Frankfurt a. M. befindet sich eine Schimpansin, die wegen ihrer Leistungen und ihres menschenähnlichen Verhaltens das Interesse der weitesten Kreise erregt. Die Schimpansin, die auf den Namen Basso hört, ist schon oft in Tageszeitungen erwähnt und auch in einem Büchlein von Knauer[1]) kurz beschrieben worden: Knauer, der Basso zu den berühmt gewordenen Menschenaffen rechnet,

[1]) F. Knauer, Menschenaffen, ihr Frei- und Gefangenleben. Leipzig (ohne Jahreszahl). S. 88 ff.

gibt zwei Abbildungen von ihr aus dem Jahre 1912 wieder. Nächstens wird sich, wie ich höre, auch Herr Professor Dr. Heck in der neuesten Ausgabe von Brehms Tierleben über Basso äußern. Unsere beiden Abbildungen (Seite 137 und 138) wurden kürzlich vom Direktor des Frankfurter Zoologischen Gartens, Herrn Dr. Kurt Priemel, photographisch aufgenommen.

Basso stammt aus dem belgischen Kongogebiet und kam als Geschenk der zweiten Inner-Afrika-Expedition des Herzogs Adolf Friedrich zu Mecklenburg in den Besitz des Gartens. Ihr Wärter, Herr Richard Burkardt, holte sie seinerzeit in einem Käfig in Antwerpen ab und brachte sie am 24. August 1911 in den Zoologischen Garten. Ihr Alter wird gegenwärtig (Mai 1916) auf ca. acht bis neun Jahre geschätzt. Nach der Ankunft wog sie 15 kg; ihre Höhe betrug damals, wenn sie stand, 64 cm. Im Februar 1916 war sie 55 kg schwer und 119 cm hoch. Ihre erste Menstruation fand im Sommer 1915 statt. Am 26. April 1916 war sie 54 kg schwer und 120 cm hoch.

In den Wintermonaten befindet sie sich immer in einem durch eine Gitterwand abgesperrten Teil eines großen Zimmers. Das Publikum betrachtet sie durch die Gitterwand. Doch darf sie auch bisweilen ihren Raum verlassen und dem Publikum einen Besuch abstatten. In den Sommermonaten lebt sie bei nicht zu schlechtem Wetter tagsüber viel im Freien innerhalb einer Umzäunung im Garten, die sie jedoch gleichfalls gelegentlich, z. B. wenn sie mit dem Zweirad durch den Garten fährt, verlassen darf.

Während ihres Aufenthaltes in Frankfurt hat Basso infolge geeigneter Dressur und wohl teilweise auch einfach infolge ihres Umgangs mit Menschen viel gelernt. Sie fährt auf dem Zweirad besser und sicherer als viele menschlichen Radfahrer, indem sie z. B. schwierige Kurven zwischen aufgestellten Flaschen hindurch beschreibt. Auch macht sie beim Radfahren allerlei Kunststücke: so fährt sie auf einem steilen Brett in die Höhe; wenn das Brett infolge der Schwere Bassos und des Rades umgekippt ist, fährt sie, mit Eleganz ihren Weg fortsetzend, vom Brett wieder auf den Boden. Auch fängt sie mit Geschick während des Radfahrens Bälle auf, schwingt eine Fahne und treibt sonst allerlei Ergötzliches während des Fahrens. Aber nicht nur als Radfahrerin leistet Basso Vorzügliches. Sie ist auch ein guter Seiltänzer. Sie geht auf dem fest gespannten Seil ohne Balanzierstange gelegentlich mit einem Sonnenschirm in der Hand vorwärts und rückwärts; sie schaukelt auf dem lose gespannten Seil senkrecht zur Richtung des Seiles hin und her. Auch in der Parterregymnastik ist Basso

Die Schimpansin Basso.

Die rechnende Basso.

bewandert. So stellt sie sich mit ihren beiden Füßen auf zwei große stehende Flaschen, ohne das Gleichgewicht zu verlieren. Basso weiß auch zu tanzen und am Trapez ausgezeichnet zu turnen. Sie ißt sitzend mit der Gabel, klingelt zuerst, deutet mit dem Finger auf die ihr vom Wärter gereichte Speisekarte, trinkt aus einer Tasse nach Art der Menschen, weiß den Würfelbecher zu handhaben und mit Spielkarten umzugehen. Sie zieht sich auf Befehl des Wärters aus, legt sich auch in ein Bettchen und deckt sich richtig zu wie ein artiges Kind. Diese und andere Dinge werden zum größten Teil fast täglich vom Wärter dem Publikum vorgeführt. Der Wärter redet hierbei mit Basso wie mit einem Menschen.

Oft scheint übrigens Basso wenig Lust zu haben, die vom Wärter in Aussicht genommenen Produktionen auszuführen. In den Wintermonaten, wo sie im Zimmer vorgeführt wird, läuft sie, wie sie überhaupt sehr neugierig ist, manchmal ans Fenster, um hinaus zu schauen; bisweilen interessiert sie sich mehr für das Publikum als für ihre Kunststücke, besonders wenn Bekannte erscheinen, die ihr schon Leckerbissen mitgebracht haben. In solchen und ähnlichen Fällen muß sie durch laute Zurufe und andere Hilfen an ihre Arbeit erinnert werden. Ist eine Produktion zu Ende, so unterstützt Basso den Wärter im Wegräumen der überflüssig gewordenen Gegenstände; auch räumt sie auf den Befehl des Wärters die Sachen allein weg, bisweilen auch ohne Befehl, und gelegentlich sogar zur unrechten Zeit, wenn sie nämlich die Lust an der betreffenden Arbeit verloren zu haben scheint. Fällt ein Gegenstand um oder zu Boden, so wird er von Basso wie von einem gut erzogenen Kind aufgestellt bzw. aufgehoben. Auch beim Kehren des Zimmers habe ich Basso dem Wärter helfen sehen; wenn sie etwa beim Trinken etwas verschüttet und wenn ihr der Wärter dann ein Tuch gibt, so putzt sie den Tisch oder Boden sauber auf.

Wenn es erforderlich ist, ruft der Wärter „Basso, putze die Nase!" Sie schneuzt sich dann in ein ihr vom Wärter zugeworfenes Tuch. Bisweilen holt auch Basso selbst das Schnupftuch, um sich dessen zu bedienen. Ihre Notdurft verrichtet sie in ein zu diesem Zweck aufgestelltes Töpfchen.

Basso zeigt auch deutlich Äußerungen der Freude, des Schreckens und des Zornes. Wenn sie vom Wärter hart angerufen wurde und mit dem Stock oder einer Pistole, aus der der Wärter bisweilen Platzpatronen abschoß, bedroht wurde, und wenn ich mich mit ihr in demselben Raum befand, so kam sie zu mir, um wie ein bedrohtes Kind bei mir Schutz zu suchen.

So ergötzlich alle diese Betätigungen Bassos sind und so viel Interesse sie beim Publikum seit Jahren finden und verdienen mögen, so gehen sie doch teils nicht wesentlich über die Affenkunststücke hinaus, die man seit geraumer Zeit in Zoologischen Gärten, Menagerien und Varietétheatern sehen kann, teils bewegen sie sich im Rahmen dessen, was wissenschaftlich bekannt ist[1]). Auch ist es nicht schwer, solche Betätigungen psychologisch zu erklären, wenn man geneigt ist, Tieren ein gewisses, wenn auch nur sehr primitives Denken zuzuschreiben, und wenn man erwägt, daß es durch Unterricht oder Dressur möglich ist, bei Tieren bestimmte Assoziationen künstlich zu stiften. Über diese Stiftung von Assoziationen bei Tieren und das Denken der Tiere wird später (§ 4) kurz gehandelt werden.

Während demnach die bisher mitgeteilten Betätigungen Bassos nichts geradezu Erstaunliches bieten, so erscheinen dagegen Bassos Leistungen im Rechnen bewunderungswürdig. Sie bilden denn auch für das Publikum einen Hauptanziehungspunkt. Von ihnen soll in dieser Schrift ausführlicher gesprochen werden.

§ 2. DIE RECHENLEISTUNGEN BASSOS.

Der Wärter Bassos setzt sich, wenn er ihre Rechenkunst demonstrieren will, an einen kleinen Tisch, auf welchem zehn kleine Holztafeln (Brettchen) liegen, die auf der einen Seite schwarz lackiert sind und in weißer Schrift die Zahlen 1 bis 10 tragen. Die Tafeln liegen regellos durcheinander auf dem Tisch, jedoch natürlich immer so, daß die Zahlen ohne Umkehren der Tafeln sichtbar sind. Zur Linken des Wärters sitzt Basso. Der Wärter stellt nun allerhand Fragen und Aufgaben, die Basso dadurch beantwortet, daß sie die den Antworten bzw. Lösungen entsprechenden Tafeln ergreift und aufhebt. Der Wärter nimmt ihr die Tafeln dann jeweils ab und legt sie auf den Tisch zurück. Einzelne Aufgaben, die wir indessen im folgenden der Kürze wegen gelegentlich gleichfalls als Rechenaufgaben, als Rechnen und ähnlich bezeichnen wollen, bestehen einfach darin, daß Basso eine bestimmte vom Wärter mit Worten bezeichnete Tafel aufheben soll. Meistens löst aber Basso wirkliche Rechenaufgaben. Die Resultate dieser Aufgaben dürfen auch größer als zehn sein. In solchen Fällen setzt Basso die Resultate additiv zusammen, indem sie z. B.

[1]) Vgl. das zitierte Buch von F. Knauer und O. Pfungst, Zur Psychologie der Affen. Bericht über den 5. Kongreß für experimentelle Psychologie in Berlin. Leipzig 1912. S. 200 ff.

bei elf einmal die Tafel mit der Inschrift zehn und dann die mit der Inschrift eins aufhebt.

Während Basso die Rechenaufgaben löst, blickt sie immer wieder nach dem Wärter, wie etwa ein ängstlicher Schüler, während er in der Schule antwortet, auf den Lehrer sieht, um den Eindruck, den seine Antwort auf den Lehrer macht, zu studieren. Oft scheint Basso zu überlegen und zu schwanken, welche Tafel sie ergreifen soll. In seltenen Fällen wieder scheint sie die richtige Tafel zu ergreifen, ohne die Tafel vorher angesehen zu haben. Dieser Umstand brachte mich auf die Idee, das indirekte Sehen Bassos zu untersuchen und eine Versuchsanordnung zu diesem Zwecke auszudenken. Im allgemeinen war die Sicherheit, mit der Basso richtig reagierte, erstaunlich. Ich sah z. B. Basso folgende Aufgaben lösen, die alle restlos ohne den geringsten Fehler gelangen.

1. Basso, hole die 10!
2. Wieviel ist fünf und vier?
3. Neun weniger zwei! Wieviel bleibt?
4. Drei mal zwei?
5. Drei mal drei?
6. Fünfzehn und eins, das ganze geteilt durch zwei?
7. Welche Zahl geht vier mal in vierundzwanzig?
8. Vierundzwanzig weniger sechs, der Rest geteilt durch zwei?
9. Wieviel ist sieben mal vier?
10. Wenn Du zu achtundzwanzig zwei hinzuzählst, welches ist da der sechste Teil?

10a. Der zehnte Teil?

10b. Der dritte Teil?

Nicht immer freilich gelingt es Basso, eine Aufgabe gleich aufs erste Mal richtig zu lösen. In solchen Fällen ruft der Wärter, bevor er die Tafel auf den Tisch zurücklegt, „Falsch!" Auch Ermahnungen wie „Basso, paß' auf!" und dgl. erscheinen dem Wärter bisweilen nötig. Aber immer gelingt es Basso bei den Vorführungen, wenn gelegentlich auch nach einigen Irrtümern, das richtige Resultat zu finden. Auch wenn die richtige Lösung nicht schon beim ersten Versuch erfolgt, darf sie doch nicht als bloßer Zufall betrachtet werden. Dies ergibt sich ohne weiteres, wenn wir berechnen, nach wie viel Fehlgriffen im Durchschnitt ein richtiges Resultat als zufällig angesehen werden darf.

Die Wahrscheinlichkeit, mit einem Griff ein bestimmtes „richtiges" Resultat zu erzielen bzw. eine bestimmte Zahl von 1 bis 10 aufzuheben, beträgt $\frac{1}{10} = 0{,}1000$. Die Wahrscheinlichkeit, zuerst eine falsche und dann die richtige Tafel aufzuheben, beträgt: $\frac{9}{10} \cdot \frac{1}{10} = 0{,}0900$. Die Wahrscheinlichkeit, zunächst zweimal nacheinander ein falsches und erst zum dritten Mal die richtige Tafel zu ergreifen ist $\frac{9}{10} \cdot \frac{9}{10} \cdot \frac{1}{10} = \left(\frac{9}{10}\right)^2 \cdot \frac{1}{10} = 0{,}0810$. Analog beträgt die Wahrscheinlichkeit, erst beim vierten Aufheben die richtige Tafel zu finden $\left(\frac{9}{10}\right)^3 \cdot \frac{1}{10} = 0{,}0729$ usw. Hiernach ergibt sich folgende Zusammenstellung:

Die Wahrscheinlichkeit, aus zehn Zahlen eine bestimmte zum ersten Mal beim n-ten Versuch herauszugreifen, beträgt für

n = 1	0,1000
n = 2	0,0900
n = 3	0,0810
n = 4	0,0729
n = 5	0,0656
n = 6	0,0590
n = 7	0,0531

usw.

Hiernach ist die Wahrscheinlichkeit, eine bestimmte, der Lösung einer Aufgabe entsprechende Tafel rein zufällig entweder auf den ersten, zweiten, dritten, vierten, fünften, sechsten oder siebenten Griff aufzuheben, gleich 0,1000 + 0,0900 + 0,0810 + 0,0729 + 0,0656 + 0,0590 + 0,0531 = 0,5216.

Dagegen ist die Wahrscheinlichkeit, spätestens schon beim sechsten Griff die richtige Zahl aufzuheben 0,4685.

Hieraus sehen wir, daß wir erst, wenn das Resultat durchschnittlich beim siebenten Griff oder später richtig angezeigt wird, mit einem Zufall rechnen dürfen, da die Wahrscheinlichkeit, einmal zufällig die richtige Tafel aufzuheben, erst innerhalb von sieben oder mehr Griffen größer als $\frac{1}{2}$ wird. Nun habe ich, ganz abgesehen von den vorhin dargestellten glänzenden Produktionen Bassos im Lösen von Rechenaufgaben bei allen von mir gesehenen Vorführungen niemals bemerkt, daß Basso später als beim vierten Griff die in Frage kommende Tafel richtig aufhob, mochte es sich nun um ein Resultat handeln, das einfach im Aufheben einer der Zahlen 1 bis 10 bestand oder mochte die fragliche Tafel einen Summanden darstellen, der zur Bildung einer größeren Zahl verwertet wurde. Wir dürfen also hiernach annehmen, daß die richtigen Antworten bei den Vorführungen Bassos nie oder nur selten auf bloßem Zufall beruhen.

Als ich zum erstenmal die Rechenkunst Bassos kennen gelernt hatte, sprach ich sogleich den Wärter an. Ich trat dann in den umgitterten Raum, in dem er und Basso sich aufhielten, ein und stellte sogleich einige Fragen (Additions- und Subtraktionsaufgaben) an Basso, wobei ich jedoch statt der Worte „und" und „weniger" die Worte „plus" und „minus" gebrauchte. Die Antworten Bassos waren hierbei fehlerlos. Während meiner Versuche behielt ich den Wärter, der in der oben geschilderten Weise, jedoch ohne Basso zu berühren, neben ihr am Tischchen saß, scharf im Auge. Es war mir aber beim besten Willen nicht möglich, zu bemerken, daß der Wärter irgendwelche Zeichen gab. Er nahm ebenso, wie wenn er selbst die Fragen stellte, die von Basso aufgehobenen Tafeln in seine Hand und legte sie auf den Tisch zurück. Im übrigen verhielt er sich ruhig. Wie bei seinen eigenen Vorführungen starrte er auch bei meinen Versuchen, während Basso jeweils die Tafel aufzuheben sich anschickte, mit scheinbar parallel gerichteten Augenachsen, ohne einen Punkt zu fixieren, über den Tisch hinweg in der Richtung nach dem Publikum. Man vergleiche die Abbildung auf Seite 138.

Einige Tage später machte ich dem Direktor des Frankfurter Zoologischen Gartens, Herrn Dr. Kurt Priemel, meinen Besuch und trug ihm die Bitte vor, das Rechnen der Basso psychologisch untersuchen zu dürfen. Herr Dr. Priemel kam allen meinen Wünschen bereitwilligst entgegen. Er begleitete mich dann zu Basso und dem Wärter, den er ersuchte, meine Angelegenheit nach Möglichkeit fördern zu helfen. Dies geschah denn auch in der Tat; der Wärter unterzog sich willig allen meinen Versuchsanordnungen und gab mir auf alle meine Fragen Auskunft.

Zunächst erfuhr ich, daß das Rechnen nicht zu Bassos Lieblingsbeschäftigungen gehört. In der Tat habe ich auch später öfter erlebt, daß Basso mitten in meinen Untersuchungen sich vom Stuhl erhob, vom Tisch weglief und allerlei Allotria trieb, während ihr die anderen Arbeiten im allgemeinen weniger unangenehm schienen. Bisweilen legte sie auch einfach die Tafeln aufeinander und wollte sie vom Tische wegräumen, als wollte sie sagen, es sei nun genug des grausamen Spiels. In solchen Fällen mußte sie wie ein unartiges Schulkind durch heftiges Anrufen von seiten des Wärters und andere Mittel wieder zur Fortsetzung des Rechnens bewogen werden.

Ferner teilte mir der Wärter mit, daß Basso zwar die übrigen Produktionen zur Not auch unter Leitung eines Vertreters von ihm ausführe, daß jedoch niemand außer ihm selbst Basso zum Rechnen und zum Aufheben bestimmter gewünschter Tafeln bewegen könne. Er müsse hierbei unbedingt neben ihr am Tische sitzen.

Endlich erklärte mir der Wärter kategorisch, daß er keinerlei Zeichen gebe, welche die richtigen Lösungen der Aufgaben herbeiführen oder unterstützen könnten. Er hatte Basso nach gewissen allgemeinen Anweisungen des Direktors systematisch im Rechnen unterrichtet.

§ 3. DER RECHENUNTERRICHT BASSOS.

Um den psychologischen Tatbestand, welcher den Rechenleistungen Bassos zugrunde liegt, noch näher zu ergründen, erkundigte ich mich zunächst nach der Art des Unterrichts, den Basso im Rechnen genossen hatte. Der Wärter beschrieb mir auf meine Bitte hin den Gang dieses Unterrichts ausführlich.

Der Unterricht fand an dem schon erwähnten kleinen Tisch statt. Dieser Tisch hatte ca. 1 m Länge, 55 cm Breite und 62 cm Höhe. Er wurde auch bei den später mitzuteilenden Versuchen benützt. Bei diesen Versuchen saßen der Wärter und Basso ebenso wie bei den Vorführungen und beim Unterricht immer an der Längsseite des Tisches auf 34 cm hohen Stühlchen. Basso saß immer zur Linken des Wärters. Der Unterricht zerfiel in eine große Anzahl von Übungen. Jede Übung wurde mindestens so oft wiederholt, als es dem Wärter erforderlich schien. Die Übungen, die Rechenleistungen darstellten, sowie diejenigen, die im Aufheben einer vorgeschriebenen Tafel bestanden, wurden, auch wenn sie von Basso tadellos ausgeführt wurden, nichtsdestoweniger immer wieder von neuem angestellt. Schließlich können ja auch die dem Publikum immer wieder in gleicher oder ähnlicher Weise vorgeführten Rechenaufgaben als eine fortgesetzte Wiederholung von Übungen betrachtet werden. Ich teile nun den Gang des Unterrichts im einzelnen mit.

1. ÜBUNG.

Der Wärter stellt eine Flasche auf den Tisch. Dann ergreift er die rechte Hand Bassos, die er so zur Spitze der Flasche führt, daß Basso dieselbe berührt. Während die Berührung stattfindet, ruft er „Eins“.

2. ÜBUNG.

Der Wärter stellt zwei Flaschen nebeneinander auf den Tisch. Er läßt (wiederum Bassos rechte Hand führend) das Tier zuerst die linke Flaschenspitze berühren und ruft: „Eins“. Darauf läßt er Basso die rechte Flaschenspitze berühren, indem er gleichzeitig „Zwei“ ruft.

3., 4., 5. ÜBUNG.

Der Wärter stellt zunächst drei Flaschen nebeneinander und verfährt analog wie bei der vorigen Übung. Dasselbe wird mit vier und dann mit fünf Flaschen wiederholt. Hierbei werden die Flaschen immer von links nach rechts berührt; bei jeder Berührung ruft der Wärter die entsprechende Zahl.

6. ÜBUNG.

Diese Übung verläuft zunächst genau wie die 5. Übung: Der Wärter stellt fünf Flaschen nebeneinander auf den Tisch, er läßt Basso von links nach rechts deren Spitzen berühren, wobei er laut „Eins, zwei, drei, vier, fünf“ zählt. Dann aber fährt der Wärter fort: „Eine Flasche weg!“ Dann läßt er (Bassos Hand führend und deren Finger in geeigneter Weise um den Flaschenhals herumdrückend) durch Basso eine der Flaschen fassen und sie vom Tisch entfernen. Darauf sagt er: „Bleibt Eins, zwei, drei, vier.“ Während der Worte „Eins, zwei, drei, vier“ läßt er Basso wiederum die Spitzen der Flaschen berühren ganz wie bei der Übung 4.

7., 8., 9. ÜBUNG.

Alle diese Übungen verlaufen im Prinzip genau wie die 6. Übung. Doch geht der Wärter, statt mit fünf Flaschen anzufangen, bei der 7. Übung von vier, bei der 8. Übung von drei, bei der 9. Übung von nur zwei Flaschen aus, von denen er jeweils eine entfernen läßt.

10. ÜBUNG.

Der Wärter stellt wie bei der 6. Übung fünf Flaschen nebeneinander auf den Tisch. Auch sonst verfährt er ganz analog wie bei der 6. Übung. Aber er läßt jetzt nicht eine, sondern zunächst zwei und dann nochmals zwei Flaschen entfernen, so daß er mit Basso zunächst zum Resultat „Bleibt eins, zwei, drei“ und dann zum Resultat „Bleibt eins“ gelangt.

11. ÜBUNG.

Der Wärter stellt wiederum fünf Flaschen nebeneinander auf den Tisch, verfährt prinzipiell genau wie bei der Übung 10, läßt jedoch nur einmal drei Flaschen entfernen, so daß er mit Basso zu dem Resultat kommt: „Bleibt eins, zwei.“

*
* *

Bei denjenigen Übungen, in welchen Flaschen vom Tisch entfernt werden mußten, erfolgte die Entfernung nach einigen Wiederholungen, ohne daß der Wärter Bassos Hand führen mußte. Auf den Zuruf des Wärters „Eine Flasche weg!“ und ähnliche Befehle bequemte sich Basso alsbald ohne weiteres dazu, die Flaschen selbst vom Tisch zu entfernen und sie auf den Boden zu stellen.

Alle bisherigen Übungen sollten dazu dienen, Basso den Zahlbegriff klar zu machen. Offenbar verfolgen sie auch die Absicht, Basso mit den Zahlen eins bis fünf vertraut zu machen. Die unmittelbar folgenden Übungen 12 bis 16 sollten nun Basso auch die Schriftbilder der Zahlen eins bis fünf vermitteln. Bei all diesen Übungen (12 bis 16) wurde mit den Flaschen und gleichzeitig mit fünf der schon erwähnten kleinen quadratischen Holztafeln (Brettchen) gearbeitet, die auf der einen Seite schwarz lackiert waren und in weißer Aufschrift die Ziffern 1 bzw. 2 bzw. 3 bzw. 4 bzw. 5 tragen. Die kleine Tafel mit der Inschrift 1 bezeichnen wir im folgenden kurz als Tafel 1. Entsprechend reden wir von den Tafeln 2, 3, 4, 5.

12. ÜBUNG.

Der Wärter stellt eine Flasche auf den Tisch, neben welche er nur die Tafel 1 legt. Dann ruft er, die Spitze der Flasche berührend: „Basso! Das ist eins.“ Indem er dann die Tafel 1 durch Basso (deren Hand er führt, und deren Finger er so um die Tafel drückt, daß Basso sie festhält) anfassen und vom Tisch aufheben läßt, ruft er: „Das ist auch eins.“

13. ÜBUNG.

Der Wärter stellt zwei Flaschen auf den Tisch, neben welche er die Tafel 2 legt. Indem er die Flaschen an der Spitze berührt, ruft er: „Basso! das ist zwei.“ Indem er dann Basso wie in der Übung 12 die Tafel anfassen läßt, ruft er: „Das ist auch zwei.“

14., 15., 16. ÜBUNG.

Dieselbe Übung (12) wird mit drei Flaschen und der Tafel 3, dann mit vier Flaschen und der Tafel 4, dann mit fünf Flaschen und der Tafel 5 wiederholt. Hierbei berührt der Wärter immer zuerst nacheinander die Flaschen, worauf er Basso die entsprechende Tafel anfassen läßt.

* * *

Durch die folgenden Übungen sollte das Addieren und Subtrahieren unter gleichzeitiger Benützung von Flaschen und Tafeln im Zahlenraum von 1 bis 5 gelehrt werden.

17. ÜBUNG.

Diese Übung bezieht sich auf das Addieren und zerfällt in eine große Anzahl von Teilübungen. Der Wärter ruft z. B. (während sich zwei Flaschen und die Tafel 2 auf dem Tisch befinden), indem er wieder die Flaschenspitzen wie in den vorhergehenden Übungen berührt: „Basso! Eins und eins ist zwei.“ Dann läßt er die Tafel wie in früheren Versuchen von Basso anfassen und aufheben, wobei er ruft: „Das ist auch zwei.“ Eine andere Teilübung wird mit drei Flaschen und der Tafel 3 angestellt. Hier ruft der Wärter z. B., indem er die Flaschenspitzen berührt: „Eins und eins und eins ist drei.“ Dann ruft er, während er, Bassos Hand führend, die Tafel 3 anfassen und aufheben läßt: „Das ist auch drei.“ Andere Teilübungen wurden gleichfalls mit drei Flaschen und der Tafel 3 angestellt. So wurde gelehrt, daß zwei und eins gleich drei ist. Analoge Übungen wurden mit vier und fünf Flaschen und mit den Tafeln 4 und 5 ausgeführt.

18. ÜBUNG.

Diese Übung bezieht sich auf das Subtrahieren und zerfällt genau wie Übung 17 in eine große Anzahl von Teilübungen. Der Wärter stellt z. B. zwei Flaschen auf den Tisch und entfernt eine davon, oder er läßt sie durch Basso entfernen, während er ruft: „Zwei weniger eins ist eins.“ Gleichzeitig liegt die Tafel 1 auf dem Tisch und der Wärter ruft dann: „Das ist auch eins,“ indem er die Tafel 1 wiederum von Basso aufheben läßt. In einer anderen Teilübung wurden fünf Flaschen und die Tafel 3 verwendet. Der Wärter ruft, indem er von den fünf Flaschen zwei auf den Boden stellt: „Fünf weniger zwei ist drei.“ Darauf läßt er Basso die Tafel 3 aufheben, wobei er sagt: „Das ist auch drei.“

* * *

Obwohl die Übungen 17 und 18 aus vielen Teilübungen bestanden, wurde doch kein Wert darauf gelegt, gerade alle möglichen Übungen in diesem Gebiet auszuführen. Es wurde also kein Wert darauf gelegt, die Anzahl aller Summanden, in die man die Zahlen 2 bis 5 zerlegen kann, zu benützen. Auch die folgenden Übungen bestehen jeweils aus einer Anzahl von Teilübungen; auch bei den folgenden Additions-,

Subtraktions-, Multiplikations- und Divisionsübungen (Übungen 22 und folgende) wurden keineswegs alle innerhalb der fraglichen Zahlenräume möglichen Aufgaben gestellt. Dies wäre ja auch, wie die Zahlentheorie lehrt, ein fast unmögliches Unternehmen gewesen.

Alle bisherigen Übungen wurden mit Flaschen angestellt. Bei allen folgenden Übungen fielen die Flaschen weg.

19. ÜBUNG.

Die Tafeln 1 bis 5 werden nebeneinander von links nach rechts auf den Tisch gelegt. Der Wärter zählt: „Eins, zwei, drei, vier, fünf", während er gleichzeitig Basso die Hand führt und sie jede Tafel beim Ausrufen der entsprechenden Zahl berühren läßt.

20. ÜBUNG.

Die Tafeln 1 bis 5 werden wiederum in gleicher Weise wie bei der Übung 19 auf den Tisch gelegt. Der Wärter ruft: „Basso, hole die Drei!" Dann läßt er, Bassos Hand führend, diese die Tafel 3 anfassen und aufheben. Derselbe Versuch wird auch mit den Tafeln 1, 2, 4, 5 ausgeführt. Nach einiger Wiederholung dieser Versuche hebt Basso auf Befehl selbst ohne Führung der Hand die gewünschte Tafel meist richtig auf. Bei allen Übungen überhaupt, in denen Basso Tafeln aufhob, nahm sie der Wärter immer sofort ab, um sie sogleich wieder auf den Tisch zu legen. Hatte Basso einmal eine falsche Tafel aufgehoben, so rief der Wärter, ehe er sie auf den Tisch zurücklegte: „Falsch!"

21. ÜBUNG.

Die Übung 20 wird wiederholt, wobei jedoch die Tafeln nicht mehr geordnet nebeneinander, sondern regellos durcheinander auf dem Tisch liegen. Der Erfolg ist schließlich ebenso günstig wie bei Übung 20.

22. ÜBUNG.

Diese Übung bezieht sich auf das Addieren und besteht aus vielen Teilübungen. Die Tafeln 1 bis 5 liegen ungeordnet auf dem Tisch. Der Wärter ruft z. B.: „Eins und zwei ist drei." Darauf wird von Basso die Tafel 3 sofort gebracht. Gleiche Erfolge zeigen alle anderen Additionsaufgaben im Zahlenraum von 1 bis 5.

23. ÜBUNG.

Diese Übung verläuft genau wie die Übung 22, nur daß der Wärter das Resultat nicht ausspricht. Hier hub Basso also die richtige Tafel auf, ohne daß der Wärter das Resultat der Aufgabe aussprach. Auf seine Worte „Eins und zwei ist —" ergriff Basso sofort die richtige Tafel. Ebenso verhielt sich Basso bei allen anderen Additionsaufgaben im Zahlenraum von 1 bis 5.

24., 25. ÜBUNG.

Diese beiden Übungen entsprechen genau den Übungen 22 und 23. Doch handelt es sich jetzt nicht um Additions-, sondern um Subtraktionsaufgaben im Zahlenraum von 1 bis 5.

* * *

Alle bisherigen Übungen bewegten sich ausschließlich im Zahlenraum von 1 bis 5. Alle noch folgenden Übungen gehen über den Zahlenraum 1 bis 5 hinaus. Bei ihnen werden auch Tafeln mit den Inschriften 6, 7, 8, 9, 10 benützt, die wir wieder kurz als Tafeln 6, 7, 8, 9, 10 bezeichnen werden.

26., 27., 28., 29. ÜBUNG.

Alle diese vier Übungen bewegen sich im Zahlenraum von 1 bis 6. In der Übung 26 werden Additionsaufgaben gestellt, bei denen der Wärter die Antwort ausspricht. In der Übung 27 werden Additionsaufgaben gestellt, in denen der Wärter das Resultat n i c h t ausspricht. In beiden Fällen hebt Basso die richtigen Zahlen auf. Die Übungen 28 und 29 werden ganz entsprechend mit Subtraktionsaufgaben angestellt.

30., 31., 32., 33. ÜBUNG.

Es werden mit gleichem Erfolg dieselben Additions- und Subtraktionsversuche gemacht wie in den Übungen 26 bis 29. Die Aufgaben bewegen sich jedoch im Zahlenraum 1 bis 7, weshalb jetzt die Tafeln 1 bis 7 zur Anwendung kommen.

34., 35., 36., 37. ÜBUNG.

Dasselbe. Jedoch Zahlenraum 1 bis 8 und Tafeln 1 bis 8.

38., 39., 40., 41. ÜBUNG.

Dasselbe. Jedoch Zahlenraum 1 bis 9 und Tafeln 1 bis 9.

42., 43., 44., 45. ÜBUNG.

Dasselbe. Jedoch Zahlenraum 1 bis 10 und Tafeln 1 bis 10.

* * *

In den bisherigen Übungen verhielt sich Basso teils passiv, teils aktiv. Hob sie z. B. eine Tafel so vom Tische auf, daß ihr der Wärter die Hand führte und ihre Finger in geeigneter Weise um die Tafel herumdrückte, so verhielt sie sich passiv. Hob sie die Tafel ganz ohne Hilfe auf, so verhielt sie sich aktiv. Bei einzelnen Rechenaufgaben sprach, wie wir sahen, der Wärter das Resultat aus. Bei anderen verschwieg er das Resultat; bei Versuchen der letzteren Art scheint sich Basso noch aktiver zu verhalten als bei den Versuchen, wo der Wärter das Resultat ausspricht. Auch in allen folgenden Übungen verhielt sich Basso insofern aktiv, als sie ohne manuellen Eingriff des Wärters und teilweise, ohne daß dieser das Resultat aussprach, die Aufgaben richtig löste. Diese Aufgaben waren Additions- und Subtraktionsaufgaben sowie auch Multiplikations- und Divisionsaufgaben, bei denen das Resultat im Zahlenraum von 1 bis 19 lag, bei denen jedoch die in den Aufgaben vorkommenden Zahlen teilweise über den Zahlenraum 1 bis 19 weit hinausgingen. Da von Basso zur Darstellung der Resultate 11 bis 19 zwei Tafeln verwendet werden mußten, so sind die folgenden Übungen auch dadurch charakteristisch, daß Basso in ihnen zum Teil zwei Tafeln nacheinander aufheben mußte, während sie bisher jeweils nur eine Tafel zu heben hatte.

46., 47., 48., 49. ÜBUNG.

Der Wärter stellt bei den Übungen 46 und 47 Additionsaufgaben, deren Resultate im Zahlenraum 1 bis 19 liegen, indem er bei der Übung 46 das Resultat ausspricht, und indem er es bei der Übung 47 verschweigt. Basso hebt dann meistens die richtige Tafel auf. In analoger Weise werden bei den Übungen 48 und 49 Subtraktionsaufgaben gestellt. Die Zahlen, die in den Subtraktionsaufgaben vorkamen, bewegten sich im Zahlenraum von 1 bis 30. Es wurden also auch Aufgaben gestellt und gelöst wie „dreißig weniger fünfzehn.“

50., 51., 52., 53. ÜBUNG.

Der Wärter stellt bei den Übungen 50 und 51 Multiplikationsaufgaben (z. B. „ein mal drei“ oder „zwei mal vier“ oder „drei mal sechs“). Bei der Übung 50 fügt er das Resultat hinzu, bei der Übung 51 verschweigt er es. Basso hebt wieder meistens die richtige Tafel auf. In analoger Weise stellt der Wärter bei den Übungen 52 und 53 Divisionsaufgaben (z. B. „zwei geteilt durch zwei“, „sechzehn geteilt durch vier“). Auch hier bewegen sich aber wie bei den Subtraktionsaufgaben

(Übungen 48 und 49) nur die Resultate, nicht die in den Aufgaben überhaupt vorkommenden Zahlen im Zahlenraum von 1 bis 19, während die Zahlen, die in den Aufgaben vorkommen, in den Zahlenraum 1 bis 30 fallen Es wurden also auch Aufgaben gestellt und gelöst wie „siebenundzwanzig geteilt durch drei".

WEITERE ÜBUNGEN.

In weiteren Übungen gingen die in den Aufgaben nnd Lösungen vorkommenden Zahlen auch noch über die Zahlenräume 1 bis 30 bzw. 1 bis 19 hinaus. So wird z. B. neben vielen anderen auch die Aufgabe „hundert weniger zweiundfünfzig" gestellt. Basso beantwortet diese Aufgabe, indem er zunächst die Tafel 10 aufhebt. Der Wärter nimmt sie Basso ab und legt sie wiederum auf den Tisch. Basso hebt dann die Tafel 10, die immer wieder vom Wärter zurückgelegt wird, noch dreimal auf, und schließlich hebt sie die Tafel 8 auf. So bildet Basso das richtige Resultat achtundvierzig.

Nach diesen Übungen ist Basso imstande, alle beliebigen Additions- und Subtraktions-, Multiplikations- und Divisionsaufgaben, deren Resultate in ganzen Zahlen bestehen, richtig zu lösen. Sie setzt die Lösungen, die in größeren Zahlen als 10 bestehen, einfach nach Analogie des vorhin erwähnten Beispiels „hundert weniger zweiundfünfzig" zusammen. Mit Zahlen über 100 wurde indessen von dem Wärter beim Rechnen nicht operiert. Auch Fremde, die der Basso Rechenaufgaben stellten, pflegten hierbei größere Zahlen nicht zu verwenden.

In noch anderen Übungen wurde Basso gelehrt, die Taschenuhr abzulesen und sogar das richtige Datum (Tag, Monat, Jahr) anzugeben. Doch wollen wir auf diese Dinge in der vorliegenden Arbeit nicht näher eingehen.

Der Unterricht begann im Oktober 1912. Nach ca. drei Vierteljahren fand die erste Vorführung, jedoch nur mit den Tafeln 1 bis 5 statt. Dann wurde der Unterricht in dem geschilderten Sinne erweitert.

* * *

Wenn wir den ganzen Rechenunterricht, den Basso genossen hat, überblicken, so bemerken wir sofort, daß derselbe vielfach an den Rechenunterricht erinnert, den auch wir im Elementarunterricht in ungefähr ähnlicher Weise erhalten haben. Wir bemerken aber auch, daß derselbe ebenso wie unser eigener Rechenunterricht, in großen Zügen betrachtet, mit dem Unterricht des klugen Hans und der Elberfelder Pferde[1]) manches gemeinsam hat. In der Tat war ja auch das Verfahren bei den rechnenden Pferden (nach den mir von Herrn Direktor Priemel und von Bassos Wärter, Herrn Burkardt, gewordenen Mitteilungen) vorbildlich für den Rechenunterricht Bassos. Und in der Tat war ja auch für diesen Pferde-Rechenunterricht, dessen Begründer, Herr v. Osten, ein ehemaliger Rechen- und Zeichenlehrer[2]) war, der schulmäßige menschliche Rechenunterricht maßgebend.

Auch eine andere Parallele zwischen dem Rechenunterricht Bassos und dem der rechnenden Pferde ist erwähnenswert. Wir haben oben gesehen, daß sich Basso auf Grund des genossenen Unterrichts nicht nur insofern aktiv betätigte, als sie ohne manuelle Hilfe des Wärters und selbst ohne daß dieser das Resultat aussprach, Aufgaben löste, sondern daß sie schließlich sogar Aufgaben bewältigte, die vorher niemals gestellt worden waren. Ebenso nehmen bekanntlich auch v. Osten und Krall an, daß ihr Unterricht Pferde zum selbständigen Rechnen zu erziehen vermag.

Es erhebt sich nun die Frage, wie der Rechenunterricht Bassos und seine Erfolge vom Standpunkt der wissenschaftlichen Psychologie aus zu beurteilen ist. Die definitive Lösung dieser Frage kann erst viel später gegeben werden. Zunächst müssen wir einige vorbereitende Untersuchungen einschalten, deren Inhalt freilich zum Teil über den Fall Basso weit hinaus geht.

§ 4. DIE STIFTUNG VON ASSOZIATIONEN BEI TIEREN UND DIE WIRTSCHAFTLICHE BEDEUTUNG DIESER ASSOZIATIONEN.

Daß nicht nur bei dem Menschen, sondern auch bei den Tieren bestimmte Verbindungen oder Assoziationen zwischen Reizen und Bewegungen bestehen, ist allgemein bekannt. Wenn der Fuchs einen verwundeten Hasen klagen hört, so begibt er sich, wenn er hungrig ist, und wenn nicht andere Reize störend wirken, an die Stelle, von der aus er die Klage des Hasen zu hören glaubt. Der Jäger benützt diese Tatsache, indem er mittels eines Instruments, der sogenannten

[1]) Vgl. O. Pfungst, Das Pferd des Herrn v. Osten. Leipzig 1907. S. 175 ff., K. Krall, Denkende Tiere. 2. Aufl. Leipzig 1912. S. 273 ff. und S. 445 ff. und besonders R. Sommer, Fortschritte der Psychologie und ihrer Anwendungen. Bd. 3. 1915. S. 138 ff.

[2]) K. Krall a. a. O. S. 10.

Hasenklage, den Fuchs in seine Nähe lockt, um ihm durch einen wohlgezielten Schuß das Lebenslicht auszublasen. Ebenso läßt sich der Rehbock in der Brunstzeit durch die Nachahmung des Lockrufs der Ricke anlocken. Viele andere ähnliche Beispiele sind dem Jäger wohl bekannt.

Abgesehen von solchen natürlichen Assoziationen gelingt es dem Menschen auch, auf künstlichem Wege Assoziationen bei den Tieren zu stiften. In manchen ländlichen Gegenden Deutschlands gehen die Pferde und Ochsen der Bauern auf den Ruf „Hott" ohne weitere Hülfe durch Zügel, Peitsche und dgl. nach rechts, während sie auf den Ruf „Wist" nach links gehen[1]). Diese Assoziationen werden dadurch gestiftet, daß zunächst beim Lenken der Tiere die entsprechenden Worte ausgerufen werden. Bei der Dressur des Jagdhundes kommt es lediglich darauf an, unter Benützung der natürlichen Anlagen des Hundes bei ihm solche Assoziationen zu stiften, die für den Jäger bei der Ausübung der Jagd wertvoll sind. Der „Gebrauchshund" muß sich auf das Kommando des Herrn („Down") niederlegen, er muß auf den Ruf „Apporte" das geschossene Wild holen und es dem Herrn bringen usw. Die glänzend entwickelte Dressur des Jagdhundes[2]) ist auch psychologisch sehr interessant, sie ist jedoch den Psychologen, die nicht Jäger sind, nach meinen Erfahrungen meistens unbekannt. Aber nicht nur zu Jagdzwecken werden durch die Dressur wirtschaftlich vorteilhafte Assoziationen bei Hunden gestiftet, sondern auch zu vielen anderen Zwecken. Man denke z. B. an die Schäferhunde oder an die Polizeihunde[3]). Auch bei anderen Tieren als den Hunden hat man wirtschaftlich vorteilhafte Assoziationen gestiftet. Man erinnere sich etwa an die früher beliebte Falkenjagd.

Die Frage, in welchem Umfang und mit welchen Mitteln es bei den einzelnen Tieren möglich ist, auf künstlichem Wege Assoziationen zu stiften, die meines Wissens bisher niemals systematisch in Angriff genommen wurde, ist ein sehr wichtiges Problem der Psychologie.

[1]) Vgl. hierzu St. v. Máday, Psychologie des Pferdes und der Dressur. Berlin 1912. S. 29. Wenn die entsprechende Mitteilung v. Mádays nicht auf einem Versehen beruht, muß man annehmen, daß an anderen Orten die Pferde auf den Ruf „Hott" nach links, auf den Ruf „Wist" nach rechts gehen.

[2]) Vgl. besonders Oberländer, Die Dressur und Führung des Gebrauchshundes. 7. Aufl. Neudamm 1912 und Hegendorf, Der Gebrauchshund, seine Erziehung und Dressur. 2. Aufl. Berlin 1914.

[3]) Über Hunde vgl. Brehms Tierleben. 4. Aufl., herausgegeben von O. zur Strassen. Bd. 12 bearbeitet von L. Heck und M. Hilzheimer. Leipzig und Wien 1915. S. 223 ff.

Die Stiftung von wirtschaftlich zweckmäßigen Assoziationon bei den Tieren und die praktische Ausnutzung dieser Assoziationen ist eine nicht zu gering anzuschlagende und vielleicht vielversprechende Angelegenheit der Volkswirtschaft. In Jechtingen am Kaiserstuhl (Großherzogtum Baden) war ein Bäcker, der auch Brot nach dem benachbarten, etwa eine halbe Stunde entfernten Ort Sasbach lieferte. Dieses Brot brachte er meistens auf einem kleinen, von einem Hund gezogenen Wagen nach Sasbach. Allmählich gelang es den Hund zu veranlassen, auch ohne jede menschliche Begleitung mit dem Brot nach Sasbach zu fahren und mit dem leeren Wagen wieder nach Jechtingen zurückzukehren. Diese Tatsache wurde mir nicht nur von dem Bäcker und anderen Leuten wiederholt mitgeteilt, ich habe vielmehr auch selbst den Hund mit seinem Wagen ohne Begleitung oft angetroffen. Man wird zugeben, daß es hiernach möglich sein muß, bei Hunden und vielleicht auch bei anderen Tieren durch geeignete Dressur in weiterem Umfang als bisher Assoziationen zu stiften, die wirtschaftlich nützlich sind.

Wenn man überhaupt geneigt ist, den Tieren geistige Vorgänge nach Art der unserigen beizulegen, so kann kaum ein Zweifel darüber bestehen, daß zu den geistigen Vorgängen der höheren Tiere auch solche gehören, die man im Sinne der Denkpsychologie[1]) als Denken bezeichnen darf, wie primitiv das tierische Denken gegenüber dem des Menschen auch sein mag. Wenn meine Jagdhunde im Winter geschossene Enten aus einem Teich holen sollen, so wählen sie keineswegs immer den nächsten Weg; sie machen vielmehr häufig einen großen Umweg, um nur eine möglichst kurze Strecke im Wasser zu verbringen. Wenn mein Hund auf der Hühnerjagd „steht", so begebe ich mich wie alle Jäger alsbald in die Nähe des Hundes, um auf die auffliegenden Hühner zu schießen; wenn ich nun einen ziemlich weiten Weg zurückzulegen habe, und wenn meine Ankunft beim Hunde sich verzögert, so blickt er sich ein oder mehrere Male nach mir um, als wolle er sagen, ich möge mich beeilen, da die Hühner sonst wegfliegen, ohne daß ich zum Schusse komme. Es wird schwer sein, diese Vorgänge psychologisch anders zu erklären als dadurch, daß man dem Hund Bewußtseinsvorgänge zuschreibt, die entschieden in den Bereich des Denkens gehören. Auch erscheint es mir nicht unerlaubt, den Tieren ein Verstehen und Wissen bèizulegen. Man kann doch schon, ohne mit dem Sprachgebrauch in Widerspruch zu geraten, sagen, daß

---

[1]) Zur Orientierung über die Psychologie des Denkens vgl. K. Marbe, Fortschritte der Psychologie und ihrer Anwendungen. Bd. 3. 1915. S. 1 ff.

ein Pferd, das auf den Ruf „Hott“ nach rechts geht, diesen Ruf versteht. Wenn ich mich morgens im Jagdanzug und mit dem Gewehr zu meinen Hunden begebe, so zeigen sie in auffälliger Weise alle Zeichen der Freude; sie bewegen sich lebhaft, springen an mir herauf, wedeln mit dem Schwanz usw. In der Regel nehme ich nun nur einen Hund mit auf die Jagd. Ich sage dann zu demjenigen, der zu Hause bleiben soll: „Du darfst nicht mit“ und mache eine abwehrende Gebärde mit der Hand. Der verschmähte Hund zeigt dann sofort Zeichen der Traurigkeit; wird er dann angebunden oder in ein Zimmer gesperrt, und gehe ich fort, so heult er lange Zeit jämmerlich. Wie soll man diese Dinge psychologisch erklären, ohne daß man den Hunden Erlebnisse beilegt, die man unter die Tatsachen des Verstehens und Wissens subsumieren darf? Dabei bemerke ich ausdrücklich, daß die von mir dem Jägerleben entnommenen Tatsachen keineswegs spezielle Erfahrungen von mir darstellen, sondern daß sie allen auch nur einigermaßen erfahrenen Jägern bekannt sind. Ja ich habe absichtlich nur ganz triviale, alltägliche Beispiele gewählt.

Kann es hiernach für mich nicht zweifelhaft sein, daß man den Tieren oder genauer gesprochen gewissen Tieren ein Denken beilegen darf, so bin ich doch der Meinung, daß man alle Erfolge der Dressur oder des Unterrichts[1]) als künstlich gestiftete Assoziationen auffassen darf. Auch im Gebiet der Psychologie des Menschen wird ja mit Recht kein Gegensatz zwischen Denken und Assoziation statuiert. Und auch die extremste Auffassung der Assoziationstheorie involviert ja bekanntlich nicht im entferntesten einen Verzicht auf die Annahme wirklichen Denkens. Diese Assoziationstheorie sucht lediglich jedes Denken auf assoziativem Wege zu erklären.

§ 5. AUTOMATISCHES ODER WIRKLICHES RECHNEN, GEDANKENLESEN, UNWILLKÜRLICHE ZEICHEN ODER SCHWINDEL?

Da es, wie wir sahen, durchaus möglich ist, bei Tieren auf künstlichem Wege Assoziationen zu stiften, so muß man es auch an sich als durchaus möglich betrachten, daß man Tieren durch geeigneten

[1]) Die wesentlichen Unterscheidungen von tierischer Dressur und tierischem Unterricht, wie sie von K. Krall (Denkende Tiere. 2. Aufl. Leipzig 1912. S. 68) und H. E. Ziegler (Die Seele des Tieres. Herausgegeben von der Gesellschaft für Tierpsychologie. 2. Aufl. Berlin 1916. S. 21 ff.) getroffen werden, erscheinen mir nicht begründet.

Unterricht die Lösung bestimmter Rechenaufgaben beibringen kann. Wenn es möglich ist, einen Hund auf das Kommando „Down“ zum Niederlegen, auf das Kommando „Setz dich“ zum Sitzen, auf das Kommando „Zurück“ zum Zurücklaufen zu bewegen, so wird es auch an sich als möglich angesehen werden müssen, daß er so abgerichtet wird, daß er auf die Frage, „Wieviel ist zwei und zwei“ oder auf das Kommando „Nenne die zweite Wurzel von 16“ einem viermal nacheinander und nur viermal die Pfote gibt. Ob dies wirklich möglich ist, das ist eine reine Tatsachenfrage, die, auf experimenteller Grundlage zu beantworten, dem psychologischen Fachmann nicht allzu große Schwierigkeiten bereiten dürfte. In ähnlicher Weise kann es nicht als von vorneherein ausgeschlossen gelten, ein Pferd dahin zu bringen, daß es z. B. auf die Frage „Wieviel ist die fünfte Wurzel aus 32“ zweimal nacheinander mit dem Fuße scharrt. Ein „Rechnen“ in dem bisher geschilderten Sinne wollen wir als ein automatisches Rechnen bezeichnen.

Eine ganz andere Frage ist nun die, ob den Tieren auch ein Rechnen insofern möglich ist, als sie auf Grund eines geeigneten Unterrichts in der Lage sind, Rechenaufgaben zu lösen, die ihnen in identischer Weise überhaupt niemals vorgelegt worden sind. Ein solches Rechnen soll als selbständiges Rechnen bezeichnet werden. Da den Tieren wie wir sahen, ein Denken weder generell noch prinzipiell abgesprochen werden kann, so wird man vielleicht von vorneherein auch die Möglichkeit eines selbständigen Rechnens nicht a limine abweisen dürfen.

Wieder eine andere Frage ist die, ob es Tiere gibt, die, ohne überhaupt einen Unterricht genossen zu haben, sich als gute Rechner erweisen. Nach den Behauptungen von Frau Paula Moekel in Mannheim hat diese Dame ja ganz zufällig die Entdeckung gemacht, daß ihr Hund Rolf im Rechnen bewandert ist[1]). Ein solches tierisches Rechnen ohne jeden systematischen Unterricht wollen wir kurz als natürliches Rechnen bezeichnen. Ein natürliches Rechnen wäre freilich zugleich auch ein selbständiges Rechnen. Wenn die Behauptung, daß es bei Tieren ein natürliches Rechnen gibt, auch bisher in wissenschaftlichen Kreisen unerhört war, so wird man doch zugeben müssen, daß auch diese Behauptung logische Unmöglichkeiten (wie etwa der Satz: zwei und zwei ist fünf) nicht enthält.

Wir wollen künftig das selbständige einschließlich des natürlichen

[1]) P. Moekel, Unser Hund Rolf. Aus den Mitteilungen der Gesellschaft für Tierpsychologie (1914), abgedruckt in dem von dieser Gesellschaft herausgegebenen Sammelbändchen: Die Seele des Tieres. 2. Aufl. Berlin 1916. S. 79 ff.

Rechnens als wirkliches Rechnen bezeichnen und es dem automatischen Rechnen gegenüberstellen.

Während nun in den letzten Jahren bekanntlich vielfach behauptet wurde, daß es Pferde und Hunde gibt, die wirklich oder doch wenigstens automatisch rechnen, hat man auch das Rechnen der Tiere geleugnet und ihre scheinbaren Leistungen im Gebiet des Rechnens durch Gedankenübertragung im Sinne der Telepathie zu erklären versucht[1]). Nach dieser Auffassung löst das Tier gestellte Aufgaben deshalb richtig, weil ihr Resultat dem Fragesteller bewußt oder „im Unterbewußtsein" bekannt ist, und weil er dieses Resultat unwillkürlich auf die Seele des Tieres überträgt. Obgleich trotz einer Fülle von Literatur irgendwelche bewährte, zuverlässige, wissenschaftlich befriedigende Mitteilungen über telepathische Gedankenübertragung bisher nicht vorliegen, kann man wenigstens zurzeit auch die Ansicht, daß es gelinge, auf telepathischem Wege Bewußtseinsvorgänge vom Menschen auf das Tier zu übertragen, nicht strikte widerlegen[2]).

Andere sind der Meinung, daß die „Rechenleistungen" der Tiere auf unwillkürlicher Zeichengebung beruhen. So hat Stumpf[3]) im Jahre 1904 die Ansicht vertreten, daß die Rechenleistungen des klugen Hans, des bekannten v. Ostenschen Pferdes, auf unwillkürlichen Bewegungen des Fragestellers beruhen und Pfungst[4]) hat diese Ansicht ausführlich experimentell zu begründen versucht.

Natürlich kann man durch geeigneten Unterricht auch Tiere veranlassen, auf willkürliche Zeichen hin die Resultate von Rechenaufgaben richtig anzugeben. Von alters her werden im Zirkus und auf Jahrmärkten Pferde vorgeführt, die so dressiert sind, daß sie auf ein Zeichen mit der Peitsche zu scharren beginnen, und daß sie auf ein anderes Zeichen zu scharren aufhören. Man braucht solchen Pferden nur vor dem ersten Zeichen irgend eine Rechenaufgabe zu stellen und im richtigen Moment das zweite Zeichen geben, um Unkundigen gegenüber den Eindruck zu erwecken, als wären die Pferde imstande, wirklich zu rechnen.

Eine solche Lösung von Rechenaufgaben durch Tiere ist, wenn sie im Zirkus oder auf dem Jahrmarkt vorgeführt wird, eine harmlose

[1]) So G. Harter, Das Rätsel der denkenden Tiere. Wien und Leipzig 1914.

[2]) Über Gedankenlesen vgl. K. Marbe, Die Gleichförmigkeit in der Welt. München 1916. S. 37 ff.

[3]) Vgl. C. Stumpf bei O. Pfungst, Das Pferd des Herrn v. Osten. Leipzig 1907. S. 185 ff.

[4]) O. Pfungst in dem in der vorigen Anmerkung erwähnten Buche. S. 29 ff.

Belustigung. Sie würde sich aber als unverantwortlicher Schwindel qualifizieren, wenn sie Männern der Wissenschaft gegenüber als wirkliches Rechnen ausgegeben würde.

Schon oben haben wir gesehen, daß Bassos Wärter Burkardt strikte leugnet, irgendwelche Zeichen zu geben. Wie haben wir nun die Rechenkunst Bassos zu beurteilen? Handelt es sich hier um automatisches oder um wirkliches Rechnen, um Gedankenübertragung, um unwillkürliche Zeichengebung oder um Schwindel?

§ 6. VERSUCHE ÜBER GEDANKENLESEN.

Da Basso Aufgaben löst, die ihr vorher in identischer Weise niemals vorgelegt wurden, so war es unmöglich, ihre Rechenleistungen im ganzen Umfang als automatisches Rechnen aufzufassen. Handelt es sich nun bei Basso wirklich um selbständiges oder gar um natürliches Rechnen? Da, wie wir sahen, rein a priori die Möglichkeit selbständigen Rechnens bei Tieren nicht geleugnet werden kann, da v. Osten und Krall und ihre Anhänger bekanntlich annehmen, daß man Pferde auf Grund eines geeigneten Unterrichts zum selbständigen Rechnen erziehen kann, und da auch das Denken der Menschenaffen gewiß nicht hinter dem der Hunde oder gar der Pferde wesentlich zurücksteht[1]), so war auch die Frage, ob bei Basso wenigstens teilweise wirkliches Rechnen stattfindet, zu erwägen. Jedenfalls wird man zugeben müssen, daß wenn es überhaupt möglich ist, einen Schimpansen auf Grund eines Unterrichts zum selbständigen Rechnen zu bewegen, der vom Wärter erteilte und von uns ausführlich mitgeteilte Unterricht als ein durchaus geeigneter angesehen werden muß. Aber andererseits wird kein Verständiger leugnen, daß man einem Menschen oder einem Tier einen sehr umständlichen Unterricht erteilen kann, daß aber trotzdem der Zögling das Ziel des Unterrichts wirklich oder scheinbar erreichen oder von vorneherein innehaben kann, ohne daß der Unterricht im allermindesten den gewollten Einfluß ausgeübt hat. So haben Stumpf und Pfungst[2]) die Ansicht vertreten, daß der kluge Hans im Unterricht des Herrn v. Osten nicht (wie v. Osten meinte und wollte) rechnen lernte, sondern daß er vielmehr lediglich die unwillkürlichen Zeichen des Lehrers und Fragestellers ablesen

---

[1]) Viele Beispiele bei A. Sokolowsky, Beobachtungen über die Psyche der Menschenaffen. Frankfurt a. M. 1908.

[2]) Vgl. die beiden in der vorletzten und drittletzten Anmerkung zitierten Stellen aus Pfungsts Buch.

lernte; auch könnte ja (wenigstens rein logisch gesprochen) Basso in solchem Maße über ein natürliches Rechnen verfügen, daß deshalb der lange Unterricht des Wärters mehr oder weniger überflüssig war. Erschien es also unmöglich, daß Bassos Rechnen im weitesten Umfang ein automatisches war, so reichten meine bisherigen Erfahrungen mit Basso nicht dazu aus, um lediglich auf Grund dieser zur Frage des selbständigen oder natürlichen Rechnens Stellung zu nehmen. Der Weg, Bassos Rechenleistungen auf Grund telepathischen Einvernehmens zwischen ihr und dem Wärter zu erklären, erschien mir mit Rücksicht auf die vorhin angedeutete Unwahrscheinlichkeit telepathischer Übertragungen von Bewußtseinsvorgängen nicht ohne weiteres gangbar. Daß der Wärter irgendwelche Zeichen gibt, hatte ich nicht bemerkt, absichtliche Zeichengebung wurde zudem vom Wärter geleugnet.

Ich frug nun den Direktor des Gartens und den Wärter, wie sie sich denn die Rechenleistungen Bassos erklärten. Beide sagten übereinstimmend, daß sie trotz des ausführlichen Rechenunterrichts an ein wirkliches Rechnen Bassos nicht glaubten. Herr Direktor Dr. Priemel teilte ferner mit, daß er sich mit dem Problem nicht weiter beschäftigt habe, der Wärter aber gab an, daß er sich alle Rechenleistungen Bassos durch einen geistigen Konnex zwischen ihm und Basso erkläre. Er vertrat also die Theorie der telepathischen Übertragung. Trotz meiner Bedenken gegen diese Auffassung, die übrigens auch von Herrn Direktor Dr. Priemel geteilt wurden, entschloß ich mich, zu ihrer Prüfung einige Versuche anzustellen.

Der Wärter erklärte mir auf Befragen, daß er imstande sei, sich geschriebene Zahlen gedächtnismäßig sehr anschaulich und deutlich vorzustellen; er gehört also, wenn diese Aussage nicht auf Irrtum beruhen sollte, zum optischen Typus. Ich ließ nun den Wärter zwölf Aufgaben stellen, die ich ihm jeweils leise angab; beim Ausrufen der Aufgaben und während Basso dieselben zu lösen suchte, durfte er aber meiner Instruktion zufolge nicht an das richtige Resultat der Aufgabe denken; er mußte sich vielmehr

bei	der	ersten	Aufgabe	die	Zahl	1	anschaulich	vorstellen,	
,,	,,	zweiten	,,	,,	,,	2	,,	,,	,
,,	,,	dritten	,,	,,	,,	3	,,	,,	,
. . .									
,,	,,	zehnten	,,	,,	,,	10	,,	,,	,
,,	,,	elften	,,	,,	,,	20	,,	,,	,
,,	,,	zwölften	,,	,,	,,	30	,,	,,	.

Hatte Basso eine Antwort gegeben, die weder der richtigen Lösung der Aufgabe entsprach, noch auch der vom Wärter vorgestellten Zahl, so rief der Wärter „falsch", wobei er, wie überhaupt immer, wenn Basso eine Tafel aufgehoben hatte, die zuletzt aufgehobene Zahl auf den Tisch zurücklegte.

Das Ergebnis dieser Versuche teile ich in der folgenden Tabelle mit; die als falsch bezeichneten Antworten sind in Klammern wiedergegeben.

Nummer	Aufgabe	Richtige Lösung	Der Wärter stellt sich vor die Zahl	Basso zeigt
1	2+4	6	1	(4) (2) 1
2	10—2	8	2	(3) 2
3	2 · 3	6	3	(2) 3
4	12 : 4	3	4	4
5	3 · 3	9	5	5
6	7 · 7	49	6	6
7	(30—3) : 9	3	7	7
8	12 : 2	6	8	8
9	1+1	2	9	9
10	17—9	8	10	10
11	3+4	7	20	10+10
12	7 · 8	56	30	10+10(+6)+10

Man sieht, daß von den zwölf Aufgaben acht sofort im Sinne der Theorie der telepathischen Übertragung richtig beantwortet wurden, daß aber auch die vier übrigen Aufgaben (1, 2, 3, 12) nach einem oder zwei Fehlern sofort richtig im Sinne der Gedankenübertragungstheorie gelöst wurden. Daß auch die gute Lösung dieser vier Aufgaben keineswegs als Zufallsprodukt betrachtet werden darf, ergibt sich unmittelbar aus unseren Wahrscheinlichkeitsbetrachtungen im § 2. Andererseits ist bemerkenswert, daß von den zwölf Aufgaben keine einzige im Sinne der Mathematik richtig bewältigt wurde.

Dieses Resultat war zunächst verblüffend. Ich wiederholte nun zunächst die Versuche mit einigen Modifikationen. Der Erfolg war aber immer derselbe. Hiernach konnte man die Möglichkeit erwägen, daß trotz des systematischen Rechenunterrichts Basso nicht eigentlich rechnen könne, sondern daß sie nur mehr und mehr gelernt habe, die Gedanken des Wärters zu lesen. Mancher hätte die Sache vielleicht auch noch anders angesehen. Da ich die Versuchsbedingungen in Bassos Gegenwart mit dem Wärter besprach und, da ja neuerdings bekanntlich Pferden und Hunden weitgehendes Sprachverständnis beigelegt wird, so konnte vielleicht auch Basso unsere Abmachungen verstanden und absichtlich im Sinne der telepathischen Hypothese reagiert haben. Dies Verhalten hätte sich dem gelegentlich behaupteten Witz und der „Verschlagenheit" der Tiere bestens eingereiht. Meint doch Krall [1]), daß sich die Antworten des klugen Hans manchmal geradezu als eine Verhöhnung der Anwesenden, dargestellt hätten und sagt doch G. Wolff [2]), daß bei einer bestimmten Gelegenheit Kralls Pferd Muhamed „— ein vierfüßiger Hamlet — mit unverständlichen Antworten die Horcher zu verhöhnen" schien.

Da ich mich aus begreiflichen Gründen mit solchen Auffassungen der Betätigungen Bassos nicht ohne weiteres befreunden konnte, und da ich trotz der geschilderten Versuchsergebnisse auch die telepathische Hypothese noch nicht als bewiesen betrachtete, entschloß ich mich zu neuen Versuchen.

§ 7. BASSOS WIRKLICHES RECHNEN.

Obgleich ich weder absichtliche noch unabsichtliche Zeichen des Wärters bemerkt hatte, stellte ich mir zunächst die ganz allgemeine Frage, ob das Auge des Wärters irgendwie an den Rechenleistungen Bassos beteiligt sei. Ich bestimmte daher, der Wärter solle vor der Stellung der Aufgaben die Augen schließen und sie erst öffnen, wenn Basso das Resultat richtig angegeben hatte; dabei sollte ich selbst dem Wärter jeweils leise mitteilen, ob die aufgehobene Tafel eine richtige oder falsche war. Die Durchführung dieser Versuche gelang indessen nicht ohne erhebliche Schwierigkeiten und Störungen. Wer sollte Basso die Tafel abnehmen, solange die Augen des Wärters geschlossen blieben? In den Versuchen, wo der Wärter die Tafeln abnahm, mußte er, obgleich er die Augen, solange ich die Resultate als falsch bezeichnete, geschlossen halten sollte, dieselben doch zu seiner Orientierung oft für kurze Zeit öffnen. Wollte ich in anderen Versuchsreihen selbst die Tafeln abnehmen, so gab Basso dieselben bisweilen nicht her, und sie ihr mit Gewalt zu entreißen, durfte ich nicht wagen, da Basso, die erst vor kurzem eine mit ihr spielende Dame in die Hand gebissen hatte, ungemütlich wird, wenn ihr jemand außer dem Wärter etwas gegen ihren Willen wegnimmt.

---

[1]) K. Krall a. a. O. S. 75.

[2]) G. Wolff, Süddeutsche Monatshefte. Januar 1914. S. 459.

Trotz dieser Schwierigkeiten und Störungen gewann ich jedoch aus diesen Versuchen den entschiedenen Eindruck, daß die Antworten Bassos ganz unverhältnismäßig schlechter sind, wenn der Wärter die Augen geschlossen, als wenn er sie offen hat. Die Frage „Wieviel ist vier und drei?" wurde z. B. erst nach 12 Fehlgriffen, die Frage „Wieviel ist drei mal zwei?" nach 16 Fehlgriffen, die Frage „Wieviel ist eins und vier?" gar erst nach 25 Fehlgriffen richtig beantwortet, während doch nach unseren Wahrscheinlichkeitsbetrachtungen des § 2 schon die Wahrscheinlichkeit, daß man bei sieben Griffen einmal eine bestimmte Zahl aufhebt, größer als $\frac{1}{2}$ ist.

Unter diesen Umständen war, trotzdem ich von Zeichen nichts bemerkt hatte, an unwillkürliche Augenbewegungen des Wärters zu denken. Ich ließ daher den Wärter zunächst wieder ganz in der Weise wie bei den öffentlichen Vorführungen mit Basso arbeiten und beobachtete seine Augen genau. Ich konnte mich aber auch jetzt nicht davon überzeugen, daß der Wärter Augenbewegungen ausführte, die die richtigen Lösungen der Aufgaben bedingten.

Durch mancherlei Beobachtungen war ich aber mittlerweile zu einer Hypothese gelangt, an die ich die Fortsetzung der Versuche anzuschließen beschloß. Ich war nämlich auf die Idee gekommen, der Wärter stelle seinen Körper bei jeder Fragestellung unwillkürlich so ein, daß die der Aufgabe entsprechende Tafel von der Medianebene seines Kopfes durchschnitten wurde. Handelte es sich um Aufgaben, deren Lösung durch Aufheben mehrerer Tafeln angegeben werden mußte, so konnte der Wärter jedesmal, nachdem er eine Tafel auf den Tisch zurückgelegt hatte, sich von neuem unwillkürlich in dem erwähnten Sinne einstellen. Wenn diese Ansicht zutraf, war die Möglichkeit vorhanden, daß Basso stets eine Tafel ergriff, die von der Medianebene des Kopfes des Wärters durchschnitten wurde. Die falschen Antworten Bassos konnten dann vielleicht teilweise dadurch erklärt werden, daß bei ihnen zwei oder mehrere Tafeln die Medianebene kreuzten. Freilich mußte von vorneherein mit der Möglichkeit gerechnet werden, daß, wenn Basso überhaupt im Sinne der Medianebenentheorie reagiert, auch noch andere, mir bisher entgangene Zeichen die Antworten Bassos beeinflussen konnten.

Zur Prüfung meiner Hypothese führte ich zunächst folgende Versuche aus. Ich ließ den Wärter zehn Rechenaufgaben stellen. Vor jeder Aufgabe legte ich jedoch selbst die zehn Tafeln auf den Tisch. Nachdem Basso reagiert hatte, packte ich die Tafeln wieder zusammen und mischte sie, ähnlich wie Spielkarten, durcheinander, um sie dann von neuem aufzulegen. Vor jeder Frage des Wärters stellte ich dann diesen so ein, daß die Medianebene seines Kopfes, welcher der ganze Körper unwillkürlich bis zu einem gewissen Grade folgte, eine ganz bestimmte, von mir in Aussicht genommene Tafel und nur diese kreuzte. Natürlich mußte ich schon beim Auflegen der Tafeln auf die Möglichkeit, diese Einstellung zu bewerkstelligen, Rücksicht nehmen, d. h. ich mußte die Tafeln jeweils so legen, daß es mir möglich war, nur eine durch die Medianebene des Kopfes des Wärters kreuzen zu lassen. Im übrigen legte ich die fragliche Tafel regellos bald mehr nach links, bald mehr nach rechts, bald ungefähr in die Mitte des Tisches. Der Wärter durfte natürlich keine Tafel ansehen, sondern er mußte, wie bei den üblichen Vorführungen Bassos über den Tisch hinweg nach dem Publikum starren. Die Versuche führten zu folgenden Resultaten:

Aufgabe	Richtige Lösung	Der Wärter wird eingestellt auf	Basso hebt auf
2 · 4	8	10	10
10 : 2	5	9	9
1+3	4	8	8
10—6	4	7	7
100 : 10	10	6	6
6 · 6	36	5	5
1+1	2	4	4
10—9	1	3	3
17—8	9	2	2
3+4	7	1	1

Nicht ein einziges Mal war also die von Basso angegebene Zahl richtig, jedesmal aber hob Basso diejenige Tafel auf, die von der Medianebene des Kopfes des Wärters geschnitten wurde. In einer anderen Versuchsreihe, die ich in der folgenden Tabelle mitteile, wurden nicht eigentliche Rechenaufgaben gestellt; hier wurde Basso lediglich aufgefordert, eine bestimmte Zahl aufzuheben. Auch diese Versuchsreihe führte zu dem gleichen Resultat, wenn hier auch einige Versuche (vgl. die eingeklammerten Zahlen) deren Ergebnis weder der richtigen noch der im Sinne meiner Theorie zu erwartenden Antwort entsprach, wiederholt werden mußten.

Aufgabe: Basso! hole die	Der Wärter wird eingestellt auf	Basso hebt auf
1	10	10
2	9	(8) 9
3	8	8
4	7	7
5	6	(1) 6
6	5	5
7	4	4
8	3	3
9	2	2
10	1	(4) (9) 1

Durch diese Versuche, die ich mit einigen Modifikationen und gleichem Erfolg wiederholt habe und meine oben erwähnten Beobachtungen, die mich zu diesem Versuch führten, ist zweifellos bewiesen, daß Basso bei der Auswahl der von ihr aufgehobenen Tafeln wesentlich durch die Lage dieser Tafeln zur Medianebene des Kopfes des Wärters bestimmt wird. Da diese Tatsache dem Wärter nicht bekannt war, ist hiermit bewiesen, daß Basso beim sogenannten Rechnen auf unwillkürliche Zeichen reagiert. Freilich lassen die bisherigen Versuche die Möglichkeit offen, daß Basso bei ihren üblichen Produktionen oder überhaupt, wenn sie ohne die von mir speziell getroffene Versuchsanordnung arbeitet, auch andere Zeichen als die Medianebene des Kopfes des Wärters, die wir der Kürze wegen nun einfach als seine Medianebene bezeichnen wollen, beachtet. Über diese Möglichkeit soll im § 8 gesprochen werden. Jedenfalls lassen aber unsere beiden letzten Tabellen vermuten, daß von einem wirklichen Rechnen Bassos, wenn auch nur im Sinne eines automatischen Rechnens (vgl. § 5), nicht im entferntesten die Rede sein kann. Man kann ja freilich behaupten, daß Basso wohl rechnen kann, daß sie aber auch auf das Zeichen der Medianebene reagiert und daß sie in unseren letzten Versuchen eben durch dieses Zeichen irre geführt wurde. Aber selbst einer solchen, vom Standpunkt der Praxis freilich unmöglichen Auffassung läßt sich der Boden durch Versuche entziehen.

Wenn Basso wirklich rechnet, so muß sie doch wohl die Zahlen kennen; wenn sich nun, ohne daß die Medianebene als Zeichen wirksam sein kann, beweisen läßt, daß Basso die Zahlen überhaupt nicht kennt, so ist doch wohl jede Ansicht vom wirklichen Rechnen Bassos widerlegt. Im Sinne dieser Idee entfernte ich alle Tafeln mit Ausnahme derjenigen beiden, welche die Inschriften 1 und 10 trugen, vom Tisch. Der Wärter mußte sich genau vor die Mitte des Tisches setzen und bei den Versuchen, wie er es von den Vorführungen Bassos her gewohnt war, geradeaus starren, jedoch so, daß seine Medianebene den Tisch in zwei gleiche Teile zerlegte. Rechts vom Wärter lag die Tafel 1, ebenso weit links die Tafel 10. In zwölf Versuchen mußte der Wärter nun Basso auffordern, bald die 1, bald die 10 aufzuheben. Bei diesen Versuchen war also jede Zeichengebung durch die Medianebene ausgeschlossen. Sie hatten folgendes Ergebnis:

Aufgabe: Basso! hole die	Basso hebt auf	Der Griff Bassos war
1	10	falsch
1	10	falsch
10	10	richtig
10	10	richtig
1	1	richtig
1	10	falsch
10	10	richtig
10	10	richtig
10	10	richtig
1	10	falsch
1	10	falsch
1	10	falsch

Wir sehen: Wir haben ebensoviel (6) falsche als richtige (6) Resultate zu verzeichnen. Wir müssen also schließen, daß Basso die Zahlen 1 und 10 und demnach wohl auch alle anderen Zahlen überhaupt nicht kennt. Unmittelbar nach den Versuchen der letzten Tabelle ersuchte ich den Wärter, Basso eine halbe Stunde lang im Aufsuchen der Zahlen 1 und 10 zu üben. Dies geschah, während ich teilweise abwesend war. Zurückgekehrt frug ich den Wärter, wie die Sache nun gehe. „Es geht besser, aber noch nicht gut," meinte er. Die Versuche der letzten Tabelle wurden nun wiederholt. Das Ergebnis war folgendes:

Aufgabe: Basso! hole die	Basso hebt auf	Der Griff Bassos war
1	1	richtig
1	10	falsch
10	1	falsch

Aufgabe: Basso! hole die	Basso hebt auf	Der Griff Bassos war
10	1	falsch
1	1	richtig
1	10	falsch
10	1	falsch
10	10	richtig
10	10	richtig
1	1	richtig
1	10	falsch
1	1	richtig

Wir sehen, daß die Resultate dieser Tabelle genau ebenso schlecht sind, als die der vorigen. Auch jetzt haben wir sechs richtige und sechs falsche Fälle. Trotz einer speziellen halbstündigen Nachübung, trotz der vielen Übungen (§ 3) und unzähliger öffentlicher Produktionen im Rechnen, trotz ihrer offenbaren Gelehrigkeit und trotz schönster Leistungen in verschiedenen Gebieten hat es also Basso noch nicht einmal so weit gebracht, daß sie, ohne daß Zeichen gegeben werden, auf Befehl eine bestimmte von zwei Tafeln richtig aufheben kann. Trotzdem möchte ich freilich nicht behaupten, daß es schlechterdings unmöglich sei, ihr dies und ähnliches beizubringen. Haben wir ja doch gesehen, daß wir auf künstlichem Wege Assoziationen bei Tieren schaffen können und schaffen. In welchem Umfang dies geschehen kann, ist eine reine Frage der experimentellen Erfahrung, zu der unsere Veröffentlichung keine positive Beiträge liefern will.

Jedenfalls dürfen wir aber sagen: Von einem automatischen oder wirklichen Rechnen Bassos kann nicht die Rede sein. Sie rechnet weder automatisch, noch selbständig, noch verfügt sie gar über ein geheimnisvolles natürliches Rechnen. Sie reagiert offenbar nur auf bestimmte, unwillkürliche Zeichen, unter denen jedenfalls die Einstellung der Medianebene des Wärters bedeutsam ist.

Natürlich erklären unsere Versuchsergebnisse des vorliegenden Paragraphen nun auch die oben mitgeteilten Experimente über telepathische Übertragung. Der Wärter stellte sich, als er an eine bestimmte Zahl dachte, offenbar unwillkürlich so ein, als wäre diese Zahl das Resultat der von ihm gestellten Aufgabe. So konnte Basso zwar nicht seine Gedanken, aber doch die von ihm unwillkürlich gegebenen Zeichen lesen und Resultate zutage fördern, die bei oberflächlicher Betrachtung die telepathische Hypothese zu stützen scheinen.

Unsere Versuche erklären auch, warum Basso bei der Lösung ihrer Aufgaben immer wieder nach dem Wärter blickt, als wolle sie sehen, ob dieser mit ihrer Behandlung der Aufgabe zufrieden ist (§ 2). Sie sieht eben an dem unwillkürlichen Verhalten des Wärters, welche Tafel sie aufheben soll. Unsere Versuche erklären endlich, warum Basso gelegentlich die richtige Tafel aufhebt, ohne die Tafeln überhaupt anzusehen. In solchen Fällen führt sie ihre Hand einfach durch die Medianebene des Wärters oder im Sinne eines anderen unwillkürlichen Zeichens auf den Tisch, worauf sie die ihr begegnende Tafel ergreift. Hiernach erschien es im Rahmen der vorliegenden Arbeit überflüssig, die von mir (§ 2) in Aussicht genommene Untersuchung des indirekten Sehens Bassos auszuführen.

§ 8. ÜBER DIE BEOBACHTUNGSGABE DER TIERE.

Wir sahen, daß Basso bei bestimmten Versuchen diejenige Tafel aufhob, die durch die Medianebene des Wärters geschnitten wurde. Wir ließen es aber dahingestellt, ob Basso nicht auch auf andere Zeichen reagiere. Natürlich mußten solche anderen Zeichen bei den von mir bisher angestellten Versuchen möglichst ausgeschlossen werden. Um aber nun zu prüfen, ob auch andere Zeichen von Basso verwertet werden können, mußte ich absichtlich bestimmte Zeichen einführen.

Ich knüpfte zunächst an die am Schluß des letzten Paragraphen mitgeteilten Versuche an. Rechts vom Wärter lag wiederum die Tafel 1, links die Tafel 10. Der Wärter mußte Basso auffordern, die 1 bzw. die 10 aufzuheben. Er mußte rufen: „Basso, — hole die 1!“ Oder: „Basso, — hole die 10!“ Der Wärter saß hierbei, wie bei den früheren Versuchen, wiederum zwischen den beiden Tafeln. Während der Worte „hole die 1 (10)!“ mußte er zwischen beiden Tafeln hindurch so geradeaus starren, daß seine Medianebene in gleicher Entfernung von beiden Tafeln lag. Während des Wortes „Basso“ oder später, jedenfalls aber vor dem Wort „hole“ mußte er so einen kurzen Blick auf die gewünschte Tafel werfen, daß Basso dies sehen konnte. Diese Versuche wurden zunächst zehnmal ausgeführt und ergaben die aus der folgenden Tabelle ersichtlichen Resultate:

Aufgabe: Basso! — hole die	Basso hebt auf
1	1
10	10
1	1
10	10
1	1
10	10
1	1
10	10
1	1
1	10

Wir sehen: alle Versuche mit Ausnahme des letzten fielen im Sinne der Zeichengebung und daher objektiv richtig aus. Ich wiederholte nun diese Experimente mehrfach mit ähnlichem Erfolg. Freilich mißlangen auch einige Versuchsreihen, weil Basso trotz wiederholter Zurufe des Wärters nicht zu bewegen war, nach dessen Gesicht zu sehen, und weil der Wärter trotzdem irrtümlich mit dem Aussprechen der Aufgabe nicht lange genug wartete.

In den folgenden Versuchen ließ ich den Wärter mit geschlossenen Augen arbeiten. Auf dem Tisch lagen wie vorhin wiederum nur die Tafeln 1 und 10. Der Wärter mußte wieder entweder die Tafel 1 oder die Tafel 10 verlangen. Jedesmal aber, wenn er die Tafel 1 verlangte, mußte er seinen Oberkörper nach rechts, also nach der Seite, wo die Tafel 1 lag, senken. Jedesmal, wenn er die Tafel 10 verlangte, mußte er seinen Oberkörper nach der entgegengesetzten Seite, also nach der Seite der Tafel 10 hin, bewegen. Wenn der Wärter die Aufgabe völlig ausgesprochen und Basso eine Tafel aufgehoben hatte, öffnete er auf einen Zuruf von mir die Augen, setzte sich wieder aufrecht hin, nahm Basso die Tafel ab und legte sie auf den Tisch zurück. Dann machte er die Augen wieder zu, worauf der nächste Versuch begann. Diese Versuche führten zu folgenden Resultaten:

Aufgabe: Basso! — hole die	Basso hebt auf
1	1
10	10
1	1

Aufgabe — Basso, hole die	Basso hebt auf
1	1
10	10
1	1
10	10
1	1
10	10
10	10

Wir sehen hieraus, daß Basso bei allen zehn Versuchen objektiv richtig reagierte, indem sie immer diejenige Tafel aufhob, welche am nächsten beim Oberkörper des Wärters lag. Die Versuche wurden nun mit gleichem Erfolg so wiederholt, daß der Wärter nicht die Tafel 1 (10), sondern jedesmal die Tafel x verlangte. Auch jetzt holte Basso immer die Tafel, welche auf derjenigen Seite lag, nach welcher sich der Oberkörper des Wärters hinneigte.

Alle diese Versuche scheinen zu zeigen, daß Basso nicht nur im Sinne der oben skizzierten Medianebenentheorie reagiert, sondern daß sie sich auch andere unwillkürliche Zeichen des Wärters zunutze machen kann und wohl auch gelegentlich zunutze macht. Unsere Versuche lehren aber auch weiterhin, daß die Schimpansen eine sehr feine Beobachtungsgabe für menschliche Zeichen besitzen, und sie lassen vermuten, daß die Schimpansen nicht nur auf Zeichen der Menschen, sondern auch auf Zeichen der Tiere und wohl besonders auf Zeichen anderer Schimpansen mit größerer Empfindlichkeit zu reagieren verstehen, als man bisher angenommen hat.

Daß auch die Pferde eine viel größere Beobachtungsgabe besitzen als man früher glaubte, ergibt sich ohne weiteres aus den Untersuchungen von Pfungst über den klugen Hans, der auf Zeichen reagierte, die nicht einmal dem erfahrenen Direktor des Zirkus Busch bekannt waren[1]). Daß man auch Hunde durch Dressur zur Beachtung feinster Zeichen erziehen kann, hat Rendich praktisch bewiesen[2]). Nach alledem wird man sagen können, daß die Beobachtungsgabe der

[1]) C. Stumpf bei O. Pfungst, Das Pferd des Herrn v. Osten. Leipzig 1907. S. 11.

[2]) Vgl. darüber St. v. Máday, Gibt es denkende Tiere? Leipzig und Berlin 1914. S. 9.

Tiere, die früher im allgemeinen unterschätzt wurde, vielfach sehr fein ist.

Um einen Vergleich zu gewinnen zwischen der Fähigkeit Bassos, die Zeichen des Wärters zu beobachten, und meiner eigenen Beobachtungsfähigkeit gegenüber diesen Zeichen führte ich endlich Versuche aus, in denen Basso gänzlich ausschied. Ich schrieb die Buchstaben a, b, c . . ., i, k untereinander und veranlaßte den Wärter, ohne daß ich es sehen konnte, hinter jeden Buchstaben eine der Zahlen 1 bis 10 zu schreiben. Auf dem Tisch lagen die Tafeln 1 bis 10. Der Wärter mußte nun rufen: „Basso, hole das a!" „Basso, hole das f!" usf. Die Aufgaben mußten in einer solchen Reihenfolge gestellt werden, daß man aus der Reihenfolge nicht auf die den Buchstaben entsprechenden Zahlen schließen konnte. Ich führte drei im Prinzip gleiche Versuchsreihen aus, die ich in den folgenden Tabellen wiedergebe. Hierbei ist zu beachten, daß im Sinne der eben mitgeteilten Bemerkung bei den Versuchen der ersten Tabelle die Aufgaben nicht alphabetisch, also nicht in der in der Tabelle angegebenen Reihenfolge, sondern regellos durcheinander gestellt wurden. Auch darf nicht übersehen werden, daß Basso sich bei den Versuchen aller folgenden Tabellen nicht beteiligte, sondern daß ich selbst an Bassos Stelle trat. Ganz wie Basso saß nun ich links neben dem Wärter und blickte nun ich nach seinem Gesicht, um zu sehen, welche Zahl verlangt wurde, während der Wärter die Instruktion hatte, sich bei diesen Versuchen genau so zu verhalten wie bei den üblichen Vorführungen Bassos.

Aufgabe: Basso! hole das	Die richtige Antwort war	Marbe hebt auf	Der Griff Marbes war
a	1	7	falsch
b	2	7	falsch
c	3	3	richtig
d	4	10	falsch
e	5	2	falsch
f	6	3	falsch
g	7	5	falsch
h	8	7	falsch
i	9	2	falsch
k	10	10	richtig

* * *

Aufgabe: Basso! hole das	Die richtige Antwort war	Marbe hebt auf	Der Griff Marbes war
a	3	2	falsch
b	7	7	richtig
c	9	9	richtig
d	1	1	richtig
e	5	5	richtig
f	4	4	richtig
g	6	5	falsch
h	8	6	falsch
i	2	10	falsch
k	10	1	falsch

* * *

Aufgabe: Basso! hole das	Die richtige Antwort war	Marbe hebt auf	Der Griff Marbes war
a	5	5	richtig
b	4	1	falsch
c	8	10	falsch
d	9	9	richtig
e	3	4	falsch
f	2	2	richtig
g	1	3	falsch
h	6	6	richtig
i	10	10	richtig
k	7	7	richtig

Wenn wir die drei Tabellen überblicken, so sehen wir, daß ich in den Versuchen der ersten Tabelle 20%, in den Versuchen der zweiten Tabelle 50% und in den Versuchen der letzten Tabelle 60% Treffer zu verzeichnen hatte. Während ich bei den Versuchen dieser drei Tabellen niemals wissen konnte, ob ich die richtige Tafel aufgehoben hatte oder nicht, führte ich endlich wiederum unter jeglicher Ausschaltung von Basso eine Versuchsreihe aus, bei der der Wärter, jedesmal wenn ich eine Tafel aufgehoben hatte, „richtig" bzw. „falsch" sagen mußte. War die Antwort falsch, so wurde der Versuch solange wiederholt, bis ich die richtige Tafel ergriff. Die falschen Antworten sind in der folgenden Tabelle in Klammern wiedergegeben.

Aufgabe: Basso! hole das	Die richtige Antwort war	Marbe hebt auf
a	2	2
b	8	(6) 8
c	10	10
d	7	(2) (1) (8) 7
e	9	(2) 9
f	3	(1) (5) 3
g	1	(2) 1
h	4	(5) 4
i	6	(2) (10) 6
k	5	(8) (10) 5

Wenn man die vier letzten Tabellen betrachtet, so wird man nicht leugnen können, daß ich zur Zeit meiner Untersuchungen mit Basso ein viel schlechterer Beobachter der Zeichen des Wärters war als Basso. Ich kann allerdings zu meiner Entschuldigung anführen, daß ich auch nicht so viel Zeit hatte, mich mit diesen Zeichen bekannt zu machen als Basso. Jedenfalls aber liefern meine mit redlichem Bemühen ausgeführten eigenen Versuche der vier letzten Tabellen einen in gewissem Sinne indirekten Beweis für die große Beobachtungsgabe Bassos.

Zum Schluß sei noch bemerkt, daß ich bei diesen Versuchen den Eindruck gewann, daß Basso vielleicht außer den von mir untersuchten Zeichen auch noch andere berücksichtigt. Ob und inwieweit dies wirklich der Fall ist, habe ich nicht mehr geprüft.

§ 9. AUFGABEN FÜR DIE TIERPSYCHOLOGIE.

Die Beobachtungsgabe der Tiere systematisch zu untersuchen, ist eine wichtige Aufgabe der Tierpsychologie. Daß die systematische Prüfung des Umfangs, innerhalb dessen bei Tieren künstlich Assoziationen gestiftet werden können, sowie die systematische Prüfung der wirtschaftlichen Bedeutung dieser Assoziationen vielversprechende Probleme der Tierpsychologie darstellen, wurde schon oben angedeutet. Die Veränderung der Lebensgewohnheiten der Tiere durch künstliche Eingriffe des Menschen ist nicht nur tierpsychologisch und biologisch, sondern (wie ich anderswo[1]) betont habe) sogar für gewisse

[1]) K. Marbe, Die Gleichförmigkeit in der Welt. München 1916. S. 127.

Fragen der Geschichtswissenschaften, Soziologie und Völkerpsychologie von Interesse. Ein einfaches Beispiel für die Veränderungen der Lebensgewohnheiten von Tieren unter dem Einfluß des Menschen liefert das Verhalten der Sperlinge in den letzten Jahren. Futterapparate, die früher für das Füttern von Singvögeln im Winter verkauft wurden und noch jetzt verkauft werden, waren so gebaut, daß sie zunächst von Spatzen nicht benützt wurden. Allmählich haben auch diese es gelernt, aus ihnen zu fressen; die Furcht, die sie wegen des Wackelns der Apparate anfänglich beseelte, ist geschwunden, und sie fressen nun ebenso wie die Meisen aus jenen Vorrichtungen. Andere und ich selbst haben diese Tatsache vielfach beobachtet[1]). Die systematische künstliche Beeinflussung der Lebensgewohnheiten der Tiere und die Prüfung, mit welchen Mitteln und innerhalb welcher Grenzen eine solche Beeinflussung möglich ist, gehören zu den vielversprechendsten Aufgaben der psychologischen Forschung.

Die hier angedeuteten und alle anderen tierpsychologischen Untersuchungen würden am besten von solchen Forschern in Angriff genommen werden, welche die psychologische Methodik beherrschen. Natürlich muß derjenige, der Tierpsychologie treiben will, es auch verstehen mit den Tieren umzugehen. Der Tierpsycholog muß daher auch zoologisch-biologisch orientiert sein oder doch über Hilfskräfte verfügen, die im Gebiet der Zoologie und Biologie bewandert sind. Auch manche anderen Hilfswissenschaften können dem Tierpsychologen förderlich sein. Am nötigsten aber ist es doch wohl, daß der Tierpsycholog die exakten Methoden der wissenschaftlichen Psychologie kennt und anzuwenden weiß. Die Mißachtung dieser Forderung und der sonderbare Glaube, daß Betätigungen im Gebiet der Anatomie, Neurologie, Psychiatrie und anderen Disziplinen einen Gelehrten ohne weiteres auch dazu befähigen, Tierpsychologie zu treiben, sowie auch angeborene Kritiklosigkeit haben in den letzten Jahren bekanntlich sehr bedauernswerte „tierpsychologische“ Expektorationen hervorgebracht, auf die wir an dieser Stelle indessen nicht näher eingehen wollen. Es sei nur noch bemerkt, daß auch in der Tierpsychologie

[1]) Eine andere von mir (Die Gleichförmigkeit in der Welt. S. 127) angeführte Bemerkung über die künstliche Beeinflussung der Lebensgewohnheiten der Stockenten, die ich übrigens ausdrücklich nur auf eine mir zugegangene Mitteilung gestützt hatte, ist, wie eine Anfrage beim Zoologischen Garten in Berlin ergab, nicht stichhaltig. Über Enten und verwandte Vögel vgl. O. Heinroth, Die Brautente und ihre Einbürgerung auf unseren Parkgewässern. Neudamm 1910 und Beiträge zur Biologie, namentlich Ethologie und Psychologie der Anatiden. Bericht über den 5. internationalen Ornithologen-Kongreß. Berlin 1910. S. 589 ff.

ebenso wie in der Psychologie des Menschen und allen Wissenschaften überhaupt das Experiment vor der bloßen Beobachtung den Vorzug verdient, so unumgänglich nötig es natürlich ist, die Anordnung der Experimente auf frühere Wahrnehmungen und Beobachtungen zu gründen. Das tierpsychologische Experiment bildet übrigens keinen Gegensatz zur Beobachtung; es stellt vielmehr lediglich eine Beobachtung unter besonders lehrreichen Verhältnissen dar[1]). Auch ist die Anwendung des Experiments keineswegs auf Haustiere oder auf gefangene Tiere beschränkt; auch in freier Wildbahn können Tiere sehr wohl dem Experiment unterworfen werden[2]). Wer in der Tierpsychologie der Beobachtung vor dem Experiment den Vorzug gibt, vertritt einen Standpunkt, den man im Gebiet der Psychologie des Menschen längst als verfehlt erkannt hat.

So sicher einzelne tierpsychologische Untersuchungen im Psychologischen Institut, in anderen Hochschulinstituten oder auch im Privathaus ausführbar sind, so dankenswert Einrichtungen wie die deutsche Menschenaffenstation auf Teneriffa auch sein mögen, so gewiß Beobachtungen und selbst Experimente in freier Wildbahn für die Psychologie förderlich und notwendig sind, — so darf man doch auch die Bedeutung der Zoologischen Gärten für psychologische Untersuchungen nicht unterschätzen. Leider wird das Material in den Zoologischen Gärten bisher nicht entfernt in dem Maße psychologisch ausgenützt, als dies an sich möglich wäre. Eine bessere Verwertung dieses Materials durch Forscher, die mit der psychologischen Methodik auf Grund von Untersuchungen im Gebiet der Psychologie des Menschen vertraut sind, würde sicherlich die Tierpsychologie gewaltig zu fördern imstande sein.

Zu den in verschiedenen Zoologischen Gärten ausgeführten Untersuchungen gehört die schon oben erwähnte Arbeit von O. Pfungst[3]) über die Psychologie der Affen. Wenn Pfungst sagt, Nachahmung des Menschen sei in keinem einzigen Falle nachweisbar, so kann ich zwar dieser Ansicht, sofern sie sich auf die von Pfungst untersuchten 200 Alt- und Neuweltaffen bezieht, nicht entgegentreten. Daß aber

---

[1]) Über Wahrnehmung, Beobachtung und Experiment vgl. K. Marbe, Experimentell-psychologische Untersuchungen über das Urteil. Eine Einleitung in die Logik. Leipzig 1901. S. 1 ff.

[2]) Andere Ansichten über Experiment und Beobachtung vertritt A. Sokolowsky in der Schrift: Aus dem Seelenleben höherer Tiere. Leipzig 1910. S. 9 f.

[3]) O. Pfungst, Zur Psychologie der Affen. Bericht über den 5. Kongreß für experimentelle Psychologie (in Berlin). Leipzig 1912. S. 200 ff.

die Schimpansen den Menschen gelegentlich nachahmen, scheint mir mindestens sehr wahrscheinlich. Ich sah Basso während ihres Aufenthalts im Freien mit einem Korb genau in der Weise hantieren, wie es der Gärtner getan hatte, der sich vorher des Korbes zum Wegtragen gemähten Grases bediente. Als die Türe der Umzäunung, innerhalb deren sich Basso im Sommer im Garten aufhält, von dem Wärter, da das Schloß nicht funktionierte, mit einer Klammer geschlossen wurde, versuchte auch Basso, die Türe mit der Klammer zuzumachen. Unter den Versuchen über Zeichengebung, die ich oben nicht mitgeteilt habe, befand sich folgender: Ich legte die Tafel 1 und die Tafel 10, wie in anderen erwähnten Experimenten rechts und links vom Wärter so auf den Tisch, daß beide Tafeln gleich weit von ihm entfernt waren; der Wärter sah geradeaus, so daß beide Tafeln auch von seiner Medianebene gleich weit entfernt lagen. Der Wärter verlangt nun von Basso wiederholt nacheinander die Tafel „x", während ich mit dem Mittelfinger meiner rechten Hand jeweils dauernd auf eine der beiden Tafeln klopfte. Nachdem Basso in einer Reihe von solchen Versuchen immer diejenige Tafel aufgehoben hatte, auf die ich geklopft hatte, beklopfte ich nun bei einem neuen Versuch mit den Mittelfingern meiner beiden Hände gleichzeitig die Tafel 1 und die Tafel 10. Basso hob darauf keine Tafel auf, sie klopfte vielmehr selbst wiederholt mit einem Finger ihrer rechten Hand auf die links vom Wärter liegende Tafel 10. Diese und andere Fälle brachten mir die Überzeugung bei, daß wenigstens die Schimpansen den Menschen nachahmen. Durch die systematische Untersuchung des Nachahmungstriebes der Schimpansen, die auf experimentellem Wege sehr leicht möglich wäre, ließe sich die Frage leicht definitiv entscheiden.

Eine andere Aufgabe wäre die systematische experimentelle Untersuchung des Umfangs, innerhalb dessen die Schimpansen zum Verständnis gesprochener Worte des Menschen erzogen werden können. Tastende Versuche, die ich mit Basso angestellt habe, überzeugten mich, daß Basso heute die Worte ihres Wärters kaum in größerem Umfang versteht als etwa ein gut dressierter Hund die Worte seines Herrn. Vieles was der Laie bei Basso als Wortverständnis zu deuten geneigt sein dürfte, ist nichts weiter als eine Reaktion auf Blicke und Bewegungen des Wärters. Daß die Schimpansen den Gesichtsausdruck des Menschen außerordentlich scharf beobachten und ihre Handlungen danach einrichten, wird übrigens auch von Rothmann und Teuber erwähnt[1]).

[1]) M. Rothmann und E. Teuber, Aus der Anthropoidenstation auf Teneriffa. I. Ziele und Aufgaben der Station sowie erste Beobachtungen an den auf

Nachdem wir bereits im vorliegenden Paragraphen einige Bemerkungen zur tierpsychologischen Methodik vorgetragen haben, müssen wir nun noch ausführlicher auf diesen Gegenstand zurückkommen.

§ 10. ZUR TIERPSYCHOLOGISCHEN METHODIK.

Wir haben in dieser Arbeit an einem konkreten Fall gesehen, daß man einem Tier einen sehr ausgedehnten, schulmäßigen Rechenunterricht geben kann, und daß das Tier nach diesem Unterricht die Resultate von Rechenaufgaben richtig angeben kann, ohne indessen durch den Unterricht vom Rechnen auch nur eine Ahnung bekommen zu haben. Unser Fall verhält sich also ganz analog, wie sich nach Stumpfs und Pfungsts Ansicht der Fall des klugen Hans verhielt[1]).

Wir haben ferner gesehen, daß man, wie Bassos Wärter es tat, einem Tier unwillkürlich Zeichen geben kann, ohne doch im geringsten von diesen Zeichen etwas wissen zu müssen. Auch hierin zeigt sich eine Analogie zwischen unserem Gegenstand und der Stumpf-Pfungstschen Auffassung des Berliner Falls. Auch v. Osten gab ja nach dieser Auffassung unwillkürliche Zeichen, ohne von diesen Zeichen eine Kenntnis zu haben.

Wir haben endlich gesehen, daß solche Zeichen Dritten sehr leicht verborgen bleiben können. Niemand, den ich innerhalb oder außerhalb des Zoologischen Gartens über Basso sprach, hatte Zeichen des Wärters bemerkt. Auch mir selbst waren sie, als ich mich schon längere Zeit mit Basso und dem Wärter beschäftigt hatte, noch verborgen geblieben. Auch die Tatsache, daß solche unwillkürliche Zeichen leicht übersehen werden, wurde beim Fall des klugen Hans offenbar. Ja man wird kaum weit fehlgehen, wenn man annimmt, daß die Tatsache der Schwierigkeit der Beobachtung gewisser unwillkürlicher Zeichen keineswegs nur von denen anerkannt wurde und wird, welche die Leistungen des klugen Hans auf Zeichengebung zurückführen, sondern auch von solchen, die an ein menschenartiges Denken des klugen Hans glauben.

---

ihr gehaltenen Schimpansen. Abhandlungen der kgl. preuß. Akademie der Wissenschaften. Jahrgang 1915. Physikalisch-mathematische Klasse. Nr. 2. Berlin 1915. S. 13.

[1]) Vgl. das Gutachten von C. Stumpf in dem oben erwähnten Buch von O. Pfungst, Das Pferd des Herrn v. Osten. Leipzig 1907. S.185 und O.Pfungst in dem gleichen Buch S. 27 ff. Das Buch von Pfungst ist auch zu den unmittelbar folgenden Ausführungen des obigen Textes zu vergleichen.

Unsere Ergebnisse sind nun sehr geeignet, gewisse Klippen der Tierpsychologie bestens zu erläutern. Wer etwa nur die gewöhnlichen Produktionen Bassos im Rechnen gesehen hatte und dann von dem umständlichen systematischen Rechenunterricht Kenntnis nahm, den Basso empfangen hatte, der konnte die Rechenleistungen Bassos als wirkliches Rechnen auffassen. Er konnte sich selbst gegenüber für diese Ansicht zunächst geltend machen, daß ja ein automatisches Rechnen der Tiere an sich sehr wohl als möglich betrachtet werden könne, und daß auch ein selbständiges und sogar ein natürliches tierisches Rechnen nicht in den Bereich des logisch Unmöglichen gehöre. Er konnte dann, als er durch geeignete Fragen an Basso zur Ansicht gelangt war, daß sie Fragen beantworte, die ihr früher nie gestellt wurden, zur Überzeugung fortschreiten, daß sie nicht automatisch sondern selbständig rechne.

Einem anderen hätte vielleicht auch eine öffentliche Vorführung Bassos allein in Verbindung mit der logischen Möglichkeit, daß Basso wirklich rechnet, schon genügt, an ein solches Rechnen zu glauben.

Wer zunächst an die Möglichkeit willkürlicher und unwillkürlicher Zeichen glaubte, solche aber (wie es auch mir erging) nach kurzer Untersuchung nicht wahrnehmen konnte, der mochte vielleicht die Zeichentheorie verwerfen und eine Erklärung abgeben, daß von Zeichen nicht die Rede sei.

Wer einem automatischen und wirklichen Rechnen von vorneherein ablehnend gegenüberstand, während ihm gleichzeitig die unwillkürlichen Zeichen des Wärters entgingen, der konnte die ganze Sache als Schwindel betrachten.

Wer endlich nur von den Vorführungen Bassos und von unseren Versuchen über Gedankenlesen etwas wußte, der konnte eine große Theorie der telepathischen Übertragung entwickeln und im Falle Basso einen „neuen" Beweis für okkultistische Tatsachen sehen.

Alle diese und noch viele verwandte Irrtümer konnten, wie man sieht, unter der Voraussetzung entstehen, daß die Bedingungen der mathematischen Leistungen nur ungenügend bekannt bzw. untersucht waren. Hieraus folgt, was freilich für den psychologischen Fachmann von vorneherein selbstverständlich sein mußte, daß man in solchen Fällen zu den bedenklichsten Irrtümern kommen kann, wenn man auf eine systematische Variation und sorgfältige Prüfung der Bedingungen verzichtet.

Wenn ein Tier Bewegungen ausführt, die als Lösungen von Rechenaufgaben oder als Zeichen für Buchstaben oder ähnlich gedeutet werden, und wenn man die tatsächliche Grundlage, auf welcher diese Bewegungen entstehen, psychologisch erforschen will, so muß man so lange die Bedingungen, unter welchen jene Bewegungen stattfinden, modifizieren, bis die Veranlassung zu jenen Bewegungen völlig aufgeklärt ist. Es ist dabei ganz überflüssig, daß man, selbst wenn man an ein menschenartiges Denken des betreffenden Tieres nicht glaubt, bei den Versuchen von vorneherein auf die Entdeckung gewisser Zeichen abzielt. Ja an sich erscheint, wenn man in dem angedeuteten Sinne die Bedingungen variiert, das Ergebnis, daß das fragliche Tier wirklich rechnet und überhaupt wie die Menschen denkt, von vorneherein keineswegs ausgeschlossen. Und unsere Methode ist als solche ebenso geeignet, ein wirkliches Rechnen der Tiere nachzuweisen, als sie geeignet ist, den Nachweis des Gegenteils zu erbringen.

Um sich dies klar zu machen, braucht man unsere, für den urteilsfähigen Psychologen von vorneherein selbstverständliche Methode, die wir kurz als die Variationsmethode bezeichnen wollen, nur auf den Fall angewendet denken, wo das zu untersuchende Individuum wirklich rechnet. Wir wollen annehmen, der Wärter und ich hätten alle gemeinsamen Versuche nicht mit Basso, sondern mit einem vollsinnigen erwachsenen Menschen ausgeführt. Es hätte dann dieser im Gegensatz zu Basso auch die Fragen bei geschlossenen Augen des Wärters sowie diejenigen bei den Gedankenübertragungsversuchen sowie auch diejenigen, in denen durch meine Versuchsanordnung andere bestimmte Verhaltungsweisen des Wärters vorgeschrieben wurden, mathematisch richtig gelöst. Er hätte ferner im Gegensatz zu Basso auch ohne Anwesenheit des Wärters alle Fragen Dritter selbst dann richtig lösen können, wenn er den Fragesteller nicht gesehen hätte. Die Fragen hätten auch rein schriftlich gegeben werden können usw. Eine tierische Versuchsperson, die rechnen konnte, hätte sich nun wieder wenigstens innerhalb gewisser Grenzen ähnlich wie diese menschliche Versuchsperson verhalten müssen. Hieraus ist einleuchtend, daß man mittels der Variationsmethode auch ein tierisches Rechnen mit derselben Sicherheit konstatieren kann wie ein menschliches Rechnen. Hieraus folgt, daß diese Methode an sich in gleichem Maße geeignet ist, das Vorhandensein eines menschenähnlichen Denkens bei Tieren zu beweisen, als sie geeignet ist, die Abwesenheit eines solchen Denkens zu offenbaren. Daraus ergibt sich aber, daß mittels der Variationsmethode alle Zweifel betreffs der Rechenfähigkeit der Tiere oder anderer verwandter Probleme gelöst werden können. Die Variationsmethode sollte daher überall Anwendung finden, wo einem die

Klärung solcher Zweifel wirklich ernstlich am Herzen liegt. Daß diese Methode auch geeignet ist, auf Fälle Licht zu werfen, wo es sich um blinde Tiere handelt, wo also optische Zeichen von vorneherein ausgeschlossen erscheinen, ist ohne weiteres klar.

Natürlich kann diese Methode nur von demjenigen durchgeführt werden, der imstande ist, sich die möglichen Bedingungen der in Frage kommenden psychischen Leistungen der Tiere teils von vorneherein, teils im Verlauf der Untersuchung klar zu machen. Diese Bedingungen müssen keineswegs nur in den Tieren selbst oder in deren lebloser Umgebung liegen, sie können vielmehr, wie sich dies ja beim Fall Basso gezeigt hat, auch ganz wesentlich in den Personen liegen, die ihnen die Aufgaben vorlegen. Auch diese menschlichen Bedingungen müssen natürlich systematisch variiert werden, und auch wenn man annimmt, daß solche menschlichen Bedingungen nicht in Betracht kommen, muß man doch der Sicherheit wegen unter allen Umständen wenigstens eine Zeitlang so arbeiten, als gebe es solche wirksamen menschlichen Bedingungen. Erst wenn sich durch die Variationsmethode unzweifelhaft gezeigt hat, daß solche Bedingungen nicht wirksam sind, darf man auf ihre Annahme und also auch auf die Annahme absichtlicher oder unabsichtlicher Zeichen restlos verzichten.

Einige andere kurze methodologische Bemerkungen zur Tierpsychologie findet der Leser schon im § 9.

§ 11. OFFENER BRIEF AN HERRN KRALL.

Hochgeehrter Herr!

Indem ich Ihnen vorstehende Arbeit zusende, erlaube ich mir ganz ergebenst, noch einige Bemerkungen an Sie persönlich zu richten. Ich habe diese, wie Sie sehen, gleich drucken lassen, und ich zweifle nicht daran, daß Sie hiermit sehr einverstanden sind, da Sie ja selbst in der von Ihnen herausgegebenen Zeitschrift[1]) eine große Anzahl an Sie gerichteter Briefe veröffentlicht haben. Vielleicht ist Ihnen der Abdruck des vorliegenden Briefes sogar sehr angenehm, da er Sie der Mühe enthebt, den Brief Ihrerseits zu publizieren.

Wie Sie aus meiner Arbeit sehen, stimme ich in weitem Umfang mit Ihnen überein. Auch ich bin ja der Ansicht, daß man den Tieren durchaus nicht jedes Denken absprechen darf, sondern daß ein gewisses tierisches Denken entschieden angenommen werden muß (§ 4).

---

[1]) Tierseele. Zeitschrift für vergleichende Seelenkunde.

Diese Auffassung der Dinge schien mir sogar, schon bevor ich von rechnenden Pferden und Hunden gehört hatte, durchaus selbstverständlich. Auch halte ich es an sich, wie Sie (§ 5) sehen, für möglich, durch geeigneten Unterricht gewissen Tieren ein automatisches Rechnen beizubringen, wenngleich ich betonen muß, daß man vor dem Auftreten des klugen Hans im allgemeinen der Meinung war, daß dies bisher noch nie gelungen ist, und wenngleich noch heute trotz Ihrer Bemühungen und trotz des Mannheimer Hundes die allgemeine Ansicht dieser Möglichkeit skeptisch gegenübersteht. Auch darin stimme ich mit Ihnen überein, daß sogar ein selbständiges, ja selbst ein natürliches Rechnen der Tiere keineswegs zu den logischen Unmöglichkeiten gehört (§ 5). Eine Übereinstimmung unserer Ansichten dürfte endlich auch in der beiderseitigen Anerkennung der Tatsache bestehen, daß ein großer Teil der Gelehrten und des Publikums trotz Ihrer Bemühungen weit davon entfernt ist, zu glauben, daß Ihre Pferde in dem Sinne denken, wie Sie es annehmen. Nach der Lektüre meines Aufsatzes werden Sie endlich auch darin mit mir einverstanden sein, daß die Schimpansin Basso, wenigstens zurzeit, nicht im entferntesten über ein Denken nach Art desjenigen verfügt, das Sie den Pferden zuschreiben.

Andererseits aber ist es doch klar, daß man Unkundigen gegenüber den Eindruck erwecken könnte, daß Basso alle Aufgaben löst, deren Lösung Sie von Ihren Pferden verlangt haben. Ja es läßt sich sogar rein theoretisch leicht zeigen, daß man das große Publikum überzeugen könnte, daß Basso im allerweitesten Ausmaß auch die menschliche Sprache versteht. Solche Vorführungen könnten sogar im guten Glauben der Unternehmer stattfinden. Sie haben aus meiner Arbeit gesehen, daß der Wärter Bassos durchaus keine Kenntnis von den Zeichen hatte, die er ihr gab; erst durch meine Versuche hat er sich von seiner Zeichengebung überzeugt. Wenn nun etwa jemand, der an ein wirkliches Rechnen Bassos glaubte, einen Wärter, der unwissentlich unwillkürliche Zeichen gibt, ersuchen würde, Basso die Wurzelaufgaben, die Ihren Pferden gestellt wurden, vorzulegen, so müßte Basso, wenn der Wärter das Resultat der Aufgaben kennte, auch diese Wurzelaufgaben ebensogut lösen wie die aus dem Gebiet der vier gemeinen Rechnungsarten. Weder der Wärter, noch derjenige, welcher diese Vorführungen inszeniert, müßten dabei auf die Idee der Zeichengebung verfallen. Ebenso könnte man doch auch, wie Sie es für Ihre Pferde getan haben, und wie es ja bekanntlich auch in Berlin und in Mannheim geschehen ist, eine Lesetafel [1]) herstellen,

[1]) Über Lesetafeln vgl. K. Krall, Denkende Tiere. 2. Aufl. 1912. S. 124 f.

in welcher die Buchstaben des Alphabetes neben die Zahlen gestellt werden, durch die sie ausgedrückt werden sollen. Diese Lese- oder Buchstabentafel könnte man bei den Vorführungen aufstellen, der Wärter könnte sie vielleicht auch auswendig lernen, und er könnte sich dann, wenn er sich im Prinzip nur immer verhielte wie der Wärter Burkardt bei seinen üblichen Vorführungen, mit Basso unterhalten. Daß Basso nur immer antworten würde, was der Wärter selbst erwartet, würde, wenn der Wärter die Sache auffassen würde, wie es Burkardt ursprünglich tat, mit seiner Ansicht von der telepathischen Übertragung bestens übereinstimmen, würde aber von denen, die diese Theorie verwerfen und an ein wirkliches menschenähnliches Denken Bassos glauben, natürlich gar nicht bemerkt werden. Wäre der Wärter einer großen Anzahl von Sprachen kundig, so ließe sich Basso auf diese Weise auch als universelles Sprachgenie vorführen. Auch daß Basso lesen kann, ließe sich dem Publikum demonstrieren. Ähnliche Schaustellungen werden voraussichtlich demnächst in Frankfurt vorgeführt werden.

Diese Folgerungen aus meiner Schrift sind so einleuchtend, daß sie sicherlich nicht nur von Ihnen und mir, sondern auch von vielen anderen gezogen werden. Es besteht daher die Möglichkeit, daß die Ergebnisse meiner Untersuchungen von Ihren Gegnern gegen Sie ausgenützt werden. Man wird vielleicht sagen, daß man Basso vor vielen Zuschauern alles ausführen lassen kann, was Sie Ihren Pferden zugeschrieben haben, ohne daß diese Zuschauer Zeichen bemerken müssen; man wird vielleicht hinzufügen, daß Basso weder rechnen kann, noch in Ihrem Sinne die menschliche Sprache versteht, und daraus vielleicht schließen, daß es um die rechnenden Pferde nicht besser als um Basso bestellt sei. Es sind aber Schritte denkbar, die Ihnen vielleicht geeignet erscheinen, nicht nur diese Auffassung der Dinge unmöglich zu machen, sondern auch (ganz abgesehen von meinem Aufsatz) Ihnen endlich die volle Anerkennung ihrer Bemühungen zu sichern.

In welcher Richtung diese Schritte liegen, wird schon in meinem Aufsatz angedeutet. Man braucht nur die Variationsmethode in vollem Umfang auf rechnende Pferde anzuwenden und sich dabei der Forderung klar zu sein, daß zu den zu untersuchenden Bedingungen auch das menschliche Milieu gehört, das die Tiere bei ihren Leistungen umgibt. Nicht daß die Tiere rechnen können und daß sie die Sprache verstehen, darf man zunächst zu beweisen suchen, sondern man muß einfach fragen, unter welchen Bedingungen die Pferde richtig und unter welchen Bedingungen sie vielleicht falsch oder überhaupt nicht reagieren. Das

Problem der Rechenfähigkeit und des Sprachverständnisses der Tiere wird dann ganz von selbst aufgeklärt werden. Wenn man in diesem Sinne verfährt und die Untersuchungen wirklich systematisch durchführt, wobei man natürlich auch allen übrigen Forderungen der psychologischen Methodik gerecht werden muß, so wird man zu Ergebnissen kommen, an denen künftig niemand mehr deuteln kann. Ich glaube, Sie werden mir zugeben, daß die von mir gekennzeichnete Methode sich auch besonders deshalb sehr für Ihre Zwecke eignet, weil Sie, wie ich in meinem Aufsatz (§ 10) zeigte, als solche in gleichem Maße geeignet ist, die Annahme des wirklichen menschenartigen Denkens der Tiere als auch die Zeichenhypothese zu verifizieren.

Ich möchte Sie nun ganz ergebenst bitten, diese Untersuchungen selbst mit von Ihnen unterrichteten Pferden in die Hand nehmen zu dürfen. Bei dem autoritativen Einfluß, den Sie auf solche Pferde haben müssen, ist es an sich schon unmöglich, daß etwa Sie selbst die Untersuchungen ausführen. Auch würde man vielleicht, wie Ihre Ergebnisse auch ausfallen mögen, an denselben eine hämische Kritik üben, Ihnen vorwerfen, daß Sie parteiisch sind, daß Sie unter den Psychologen nicht allgemein als Fachmann gelten usw. Bei mir liegt die Sache jedenfalls insofern anders, als man mich der Parteilichkeit gegen Sie nicht zeihen wird. Ja gerade, weil ich im Falle Basso die Existenz unwillkürlicher Zeichen nachgewiesen habe, würde man einen Nachweis von meiner Seite, daß bei Ihren Pferden solche Zeichen nicht gegeben werden, als besonders schwerwiegend ansehen müssen.

Die Bedingungen, die ich leider für meine Untersuchung zu stellen genötigt bin, ergeben sich zum größten Teil aus der anzuwendenden Methode. Ihr Pferdewärter muß natürlich gestatten, daß ich ihn in ähnlicher Weise als Versuchsobjekt benütze, wie ich den Wärter Bassos heranzog. Denn, wie ich ja im § 10 ausführte, müssen auch die in den Menschen liegenden Bedingungen der Leistungen der Tiere systematisch variiert werden. Somit muß Ihr Pferdewärter sich ebenso, wie es der Wärter Burkardt in Frankfurt getan hat, restlos meinen Versuchsbedingungen unterwerfen. Daß ich auch ohne Mitwirkung des Wärters Versuche anstelle, scheint mir übrigens vorläufig nicht nötig. Dagegen brauche ich Ihre eigene Mitwirkung bei den Versuchen nicht in Anspruch zu nehmen. Sollten Sie trotzdem Ihrerseits gelegentlich dabei sein wollen, so müßten aus den mehrfach angedeuteten methodologischen Gründen leider auch Sie sich den Versuchsbedingungen völlig unterwerfen. Sie müßten sich also z. B. auch ganz ruhig verhalten oder den Stall und seine Umgebung verlassen, wenn mir dies erforderlich erscheint. An Zeit für die Untersuchungen brauchte ich täglich zwei Stunden nacheinander.

Auf eine Anfrage von mir hatten Sie die Liebenswürdigkeit mir mitzuteilen, daß, wie begreiflich, Ihre Bestrebungen durch den Krieg sehr gelitten haben. Sie schreiben, Ihr Pferdepfleger sei einberufen worden, Sie selbst seien durch die Übernahme der Pflege der Pferde krank geworden, und der Stall sei daher aufgelöst worden. So sehr ich aber Ihr Mißgeschick bedauere, so gebe ich mich doch der angenehmen Hoffnung hin, daß Sie bald wieder vollständig genesen, und daß Sie spätestens nach dem Kriege wieder Ihre alten Pferde zurückgewinnen werden oder neue unterrichten können.

Natürlich verhehle ich mir nicht, daß die Untersuchung vielleicht nicht rasch vonstatten gehen wird. Ich denke dabei unter anderem auch an das, was Sie als Eigenwillen, Laune und Widersetzlichkeit der Pferde bezeichnen[1]. Seien Sie aber überzeugt, daß ich es an Geduld nicht fehlen lassen werde, und daß, wenn ich einmal mit der Untersuchung begonnen habe, ich mich durch nichts abhalten lassen werde, dieselbe zu Ende zu führen. Auch will ich es an immer neuen Bemühungen, mich bei den Pferden beliebt zu machen und ihnen dadurch jede Neigung zur Widerspenstigkeit auszutreiben, gewiß nicht fehlen lassen. Ich rechne dabei selbstverständlich damit, daß Sie, ebenso wie Herr Direktor Dr. Priemel in Frankfurt, auch Ihrerseits die Güte haben werden, mir zu gestatten, so lange täglich zwei Stunden zu arbeiten, bis ich zum Ziele gelangt bin.

Schließlich darf ich vielleicht noch hinzufügen, daß es Ihnen voraussichtlich sachdienlich erscheinen dürfte, daß die Untersuchungen so bald als uns irgend möglich beginnen. Es ist (auch durch einen Aufsatz eines Ihrer getreuesten Anhänger, des Herrn Professors Ziegler[2]) bekannt geworden, daß Pfungst eine Prüfung Ihrer Pferde vornehmen wollte, sich aber infolge allerlei von Elberfeld aus geleiteter Verhandlungen veranlaßt sah, von seinem Vorhaben zurückzutreten. St. v. Máday hat erklärt, Sie hätten ihm die Untersuchung Ihrer Pferde abgeschlagen[3]. Er hat zudem in seinem ausführlichen Werk „Gibt es denkende Tiere?“ Sie eines förmlichen Briefwechsels zur Abhaltung Ihrer Gegner geziehen[4]) und überhaupt Vorwürfe der schwersten Art

[1]) K. Krall, Denkende Tiere. Leipzig 1912. S. 67 ff.

[2]) E. Ziegler in dem von der Gesellschaft für Tierpsychologie herausgegebenen Sammelbändchen „Die Seele des Tieres“. Berlin 1916. S. 38 f.

[3]) St. v. Máday, Gibt es denkende Tiere? Leipzig und Berlin 1914. S. 337.

[4]) St. v. Máday a. a. O. S. 336 ff.

gegen Sie erhoben. Neuerdings hat gar Faustinus Edelberg[1]) angedeutet, Sie hätten ihn veranlaßt, gegen seinen Willen seine Versuche in Elberfeld zu beenden, und dies sei deshalb geschehen, weil Sie seinen Skeptizismus bemerkt hätten. Auch behauptet er, Ihr Pferdeknecht Albert habe stets Stellungen eingenommen, die ihm ein genaues Beobachten beinahe unmöglich machten. Der letztere Vorwurf wäre bei meinen Versuchen schon deshalb ausgeschlossen, weil bei meiner Methode Ihr Pferdewärter nur solche Stellungen einnehmen könnte, die von mir angeordnet bzw. gebilligt werden. Jedenfalls aber sind die eben erwähnten, gegen Sie erfolgten Angriffe Wasser auf die Mühle Ihrer Gegner. Je eher ich daher zur Publikation meiner Versuchsergebnisse käme, desto eher bestünde für Sie die Möglichkeit, dieselben daraufhin zu prüfen, ob sie nicht zur Unterstützung Ihrer Verteidigung geeignet sind. Andererseits aber sollten Sie den Eindruck vermeiden, daß Sie meine Vorschläge ablehnen. Denn dadurch könnte sehr leicht nicht nur in den Kreisen Ihrer Gegner, sondern auch in denen Ihrer bisherigen Anhänger die Meinung erwachsen, Sie stünden den etwaigen Ergebnissen meiner Versuche ängstlich gegenüber. Darauf aber würde vielleicht folgen, daß die Ansicht von dem menschenartigen Denken der Pferde allgemein aufgegeben wird, und daß Ihre Bemühungen in wissenschaftlichen Kreisen jedes Interesse verlieren. Sie sollten daher, wenn Sie dauernd an Ihren Ansichten festhalten, auch darauf sehen, daß Sie in der Lage sind, sobald als möglich, wieder rechnende Pferde zur Verfügung zu haben.

Ich sehe daher Ihrer freundlichen Einladung bis auf weiteres mit Vergnügen entgegen und bin unterdessen mit ausgezeichneter Hochachtung

Ihr ergebenster

Karl Marbe.

§ 12. SCHLUSSBEMERKUNGEN.

Zum Schluß dieser Arbeit erfülle ich die angenehme Pflicht, Herrn Direktor Dr. Kurt Priemel für die liebenswürdige Förderung meiner Untersuchungen und sein großes allseitiges Entgegenkommen meinen aufrichtigsten Dank auszusprechen. Doch liegt es mir natürlich fern, Herrn Dr. Priemel hierdurch irgendwelche Verantwortung für die

[1]) Vgl. den von G. E. Müller (Zeitschrift für Psychologie. Bd. 73. 1915. S. 258 ff.) mitgeteilten Brief von Faustinus Edelberg.

Richtigkeit meiner Versuche oder gar für die übrigen Ausführungen in dieser Schrift aufbürden zu wollen.

Endlich kann ich es nicht unterlassen, der Hoffnung Ausdruck zu geben, daß die Ergebnisse meiner Untersuchungen mit Basso das allgemeine Interesse des Publikums an diesem gelehrigen Tier nicht schädigen werden. Wenn Basso auch nicht wirklich rechnen kann, so bleiben ihre Leistungen doch nach wie vor ein ergötzliches Schauspiel für das Publikum. Ja die regelmäßigen Besucher des Frankfurter Zoologischen Gartens, die etwa diese Schrift lesen, werden sogar vielleicht die Vorführungen Bassos künftig noch interessanter finden als bisher und ihre Aufmerksamkeit nicht nur Basso, sondern auch den Bewegungen und dem Mienenspiel des um Basso sehr verdienten Wärters Burkardt zuwenden.

Springer Fachmedien Wiesbaden

GPSR Compliance

The European Union's (EU) General Product Safety Regulation (GPSR) is a set of rules that requires consumer products to be safe and our obligations to ensure this.

If you have any concerns about our products, you can contact us on ProductSafety@springernature.com

In case Publisher is established outside the EU, the EU authorized representative is:

Springer Nature Customer Service Center GmbH
Europaplatz 3
69115 Heidelberg, Germany

Batch number: 10577876

Printed by Printforce, the Netherlands